U0531441

世界上最神奇的24堂课（Ⅰ和Ⅱ）

他把他所拥有的知识写成了具有很高教育意义和启发意义的前后和谐的讲义，那就是现在的《世界上最神奇的24堂课》（Ⅰ和Ⅱ）。他开始与**世界上最富有的人**分享这一发现，**一周给他们一部分**。富翁们被这些发现深深地吸引住了，他们**乞求**查尔斯**不要**把《世界上最神奇的24堂课》体系**公之于众**。

通过《世界上最神奇的24堂课》体系你将发现那永恒的古老的基本原则。是它们控制着我们的未来并在一定程度上促成成功或失败。

《世界上最神奇的24堂课》 读者评语

心灵的力量

近期读了好几本不错的书籍,《卓有成效的管理者》《管理的实践》《24重人格》《长尾理论》,对一名管理者来讲的确有根本性的启发。

可有一本书却给我留下了不同的感受,那就是《世界上最神奇的24堂课》,虽然商家的宣传有些噱头……但我的确感受到了思想力的伟大!

原来,世界上最奇妙的东西就是思想,最伟大的力量也是思想,成功的源头也是思想。原来,我们经常限制在自己的逻辑当中,故步自封。原来,我们可以很快乐、很健康、很富有,而这一切力量的源泉来自你的心灵!

——Mrmayou

你不能错过的三本书

第一本:《世界上最神奇的24堂课》;第二本:《思考致富》;第三本:《我疯狂我成功》。第一本书,它能让你发现一切美好的事物,它是富有者的枕边书。运用书中的原则将使你彻底告别过去的自己!这是我见过的最神奇的书。

——Yoaozhangxiu001

最近,有非常多的朋友问我:在正式接受"A-Ω 终极心智·ESP心智潜能"训练前该学习些什么?

以前我回答说:你先读拿破仑·希尔的《思考致富》。

现在我回答说:你先读拿破仑·希尔的《思考致富》,然后再读读《世界上最神奇的24堂课》。……继续阅读《思考致富》和《世界上最神奇的24堂课》……改变,就在你做出决定的时刻发生!

——心如来

读了好书,才知什么是好书。《世界上最神奇的24堂课》就是一本好书。

在生活中有三种东西是每一个人都需要并渴求的——财富、健康和爱。任何事物都是由这三点派生出来的。读了这本书,你就可以最大限度地拥有它们了。

——王达曙

我想说的是,像陈安之、安东尼·罗宾和《世界上最神奇的24堂课》,他们所讲述的很多东西是相通的。他们对"人"的研究是比较透彻的,然后再总结出规律。毕竟人们的精神思想是最难把握的,把握住自己的思想同时,也就把握住了自己的人生……

——凌空子

世界上最神奇的24堂课（II）

[美] 查尔斯·哈奈尔 著 黄晓艳 译

MENTAL CHEMISTRY

Open the Secret to
Health, Wealth and Love

开明出版社

图书在版编目（CIP）数据

世界上最神奇的24堂课 . Ⅱ ／（美）查尔斯·哈奈尔著；黄晓艳译 .—北京：开明出版社，2022.8

ISBN 978-7-5131-7614-9

Ⅰ . ①世… Ⅱ . ①查… ②黄… Ⅲ . ①成功心理—通俗读物 Ⅳ . ① B848.4-49

中国版本图书馆 CIP 数据核字（2022）第 126263 号

责任编辑：卓　玥

世界上最神奇的24堂课 . Ⅱ

作　者：(美)查尔斯·哈奈尔　著
出　版：开明出版社
　　　　（北京海淀区西三环北路25号　邮编100089）
印　刷：保定市中画美凯印刷有限公司
开　本：710mm×1000mm　1/16
印　张：12
字　数：146千字
版　次：2022年 8 月 第1版
印　次：2023年10月 第3次印刷
定　价：45.00元

印刷、装订质量问题，出版社负责调换。联系电话：（010）88817647

亚马逊网荐语

对于任何一个难题,
这儿都有一个解决方案;
对于任何一个人,
这儿都有一种寓意;
对于任何的成功,
这儿都有一条公式。

"我们生活在一个可塑的、深不可测的精神物质海洋之中。这些物质一直处于生命和运动之中。并且,它达到高度敏感的程度。它按照精神的要求构造思想的形式。思想形式的模式或者矩阵,按照这些物质所表达的形式展现。我们的理想由这个模具所塑造,并浮现出我们的将来。"

哈奈尔先生在《世界上最神奇的24堂课(Ⅱ)》中写下了这些词句,从中,你可以精确地发现,你以及你的思想和感受是如何形成你周遭的世界的,同时,你也能够发现自己能够运用精神的能力控制生活中所发生的事情。从这儿,你能够得到如下秘密:

1. 掌握一种神奇的方法,让疾病和痛苦从此远离你的生活;
2. 学会对自己的运气、命运和机遇施加强有力的影响;
3. 只有2%的人促成了世界的进步,而本书的观念和方法将使你成为其中的一员;
4. 找到一种途径,使自己实现梦想,超越希望,过上自己所能想象到的最幸福、最圆满的生活;
……

亚马逊网编辑

编者的话

20世纪初,查尔斯·哈奈尔因一本小书 The Master Key System(即《世界上最神奇的24堂课》)而声誉鹊起,受到各界人士,特别是政商两界精英人物的广泛重视。该书因其极具前沿性的思想、睿智的洞察力和非常简单实用的可操作性,成为当时人人争而阅之的畅销图书。

在《世界上最神奇的24堂课》成功的基础上,哈奈尔在后续著作中对其思想进行进一步延伸和发展,如精神的作用、引力法则等,并于1922年推出了 Mental Chemistry(《精神化学》)一书。这本书的出版同样引起了人们的巨大兴趣,并获得了很高的评价:对于每一个难题,这儿都有一种解决方案;对于每一个人,这儿都有一种寓意;对于每一种成功,这儿都有一条公式。这本书运用了心理学和精神科学的方法,对如何发挥人的主观能动性,如何运用心灵的力量,实现人与环境的和谐,人自身内在心理世界的和谐,提出了独到的见解。

在本书的编辑过程中,考虑到从它最初出版至今已过80余年,书中的部分内容,随着近现代科学的发展,已经有了不同程度的认知差距。对此,我们根据时代的要求,对相关内容作了合并、删节和修改处理。同时,按照哈奈尔出版 The Master Key System 一书时的想法,他认为该书之后的其他著作,仍然是同一 Master Key System 的组成部分,他所有的著作都是围绕着 Master Key System 这一思想框架进行阐述、解释和应用来进行的。因此,我们在编辑出版哈奈尔这一著作的中文版时,试图将其按照同样的方式组成一个系列,即《世界上最神奇的24堂课》系列,这也是本书取名为《世界上最神奇的24堂课(II)》的缘由。对此,相信本书的读者能够理解。

最伟大的财富

你大概熟悉很多大人物挣大钱的故事吧，从卡耐基、洛克菲勒、特朗普到比尔·盖茨，他们都有许多相似之处。

1．他们几乎都是从一无所有开始的。
2．他们不得不利用他们的想象——他们的心智——去详细领会他们的生意。
3．然后他们不得不承认富裕法则和引力法则，这些为他们提供了把自己的观念加以具体化的方法和手段。
4．之后，随着计划的就绪，他们不得不付诸行动。

他们中的任何一个人，如果不利用他们的头脑，如果不认识到正在为他们工作的力量，那么他肯定会失败，就像太阳肯定会升起一样。

你会注意到，许多成功了的人并不是最聪明的，也不是最有天赋的。

大多数成功人士之所以实现了他们的抱负，并非因为智力或天才，而是利用了他们内心中的潜在力量，驱使他们走向顶峰。

选择一目了然：要想实现你的健康、财富和幸福的梦想，你就必须学会利用你所拥有的、任由你处置的潜在力量。……你需要《世界上最神奇的24堂课》。

决定一生命运的
三种选择

你怎样才能利用在你阅读这本书的时候所出现的所有机会呢?

第一种方式是守株待兔——希望并梦想着某件事情发生,并把你带向你所渴望的东西。大多数人都是这么干的,你可以看看他们的结果。日复一日,他们希望得到某件更好的东西,但这件东西从未出现过。就这样,他们挣扎了一辈子,斩获不大,得到的常常更少。

兴许你不是那种人,否则你不会读到这么远。那么就把这一种方式从我们的清单上勾销吧。

第二种为自己争取幸福的方式就是刻苦工作——非常刻苦。当然,刻苦工作是高尚的,也是成功和幸福的本质因素,但与此同时,它并不是一切成就的全部和目的。你大概也知道,很多年复一年工作的人,都在加班加点地干活,甚至可能还有第二份工作,但他们从生活中所得到的东西,甚至还不如那些无所事事、白日做梦的人。这真悲哀,但却是真的。

你每天都能听到这样的故事或新闻：有人一辈子为一家公司干活，到了退休的前几年，所得到的只不过是"裁员"的结果；或者，有人干活太卖命，以至于让自己过早地走进了坟墓。

不，这第二种方式并不比第一种好多少。

你能获得自己所渴望的东西、实现自己既定的目标的**第三种方式，就是学会如何利用自己的头脑去恰当地思考**。你可以学会如何利用那笔任由你处置的"最伟大的财富"。

当你明白了如何把自己的思想集中并把它们彰显为事实的时候，你也就认识到了你所渴望的东西离你并不远。实际上，你所要做的一切，就是伸出手，抓住它们。

学习这些课程的人都会发现，它们的价值是无法估量的。 他们所发现的是：富足是宇宙的自然规律——学会利用这一规律，就是带领他们从失败走向成功所需要的一切。

目录 CONTENTS

亚马逊网荐语 001

编者的话 002

最伟大的财富 003

决定一生命运的三种选择 004

第 1 课	学会思考，才能学会创造 001
第 2 课	仅仅因为思想，一切都将不同 013
第 3 课	完美人生的伟大规律——引力法则 025
第 4 课	心智：一切行动赖以产生的中心 035
第 5 课	内在的富足引来外在财富 049
第 6 课	成功需要一种追求成功的动机 063
第 7 课	互惠使财富得到增长 073
第 8 课	你真的会思考吗？ 085

目录

- 第 9 课　内在信念是健康的保证 097
- 第 10 课　健康要有平常心 107
- 第 11 课　你必须发自内心地相信自己 115
- 第 12 课　人人都是自己的心理医生 127
- 第 13 课　设想美好的精神图景 139
- 第 14 课　你所期望的，就是你将得到的 147
- 第 15 课　心灵因思考而丰富 155
- 第 16 课　以祈祷培养希望 161

从《世界上最神奇的24堂课》中能得到什么 168

第 1 课 学会思考，才能学会创造

LESSON ONE

1 复杂都是由简单组成的。任何能想到的数字，都可以用阿拉伯数字1、2、3、4、5、6、7、8、9、0来组成。任何能想到的思想，都可以用字母表中的26个字母来表达。任何能想到的事物，都可以用若干元素来构成。

2 但这并不是说我们的世界是简单的。0和1是简单的，但它们可以构建一个丰富多彩的开放性的互联网空间。

3 当两个或两个以上的元素组合在一起的时候，一种新的物质就被创造出来了，这个被创造出来的个体所拥有的特征是那些构成它的元素都不曾拥有的。因此，一个钠原子和一个氯原子给我们带来了盐，这是一种完全不同于钠或者氯的物质。而且，也只有这种化合能给我们盐，其他任何元素的化合都不能做到。

4 在无机界中正确的东西，在有机界也同样正确——某些有意识的过程会产生某些结果，而且这种结果总是一样的。某种想法总是会紧跟着特定的结果，任何别的想法都无法服务于这个结果的产生。

THE MASTER KEY SYSTEM

5　在这里我们要插入一个很重要的概念，那就是精神化学。化学是处理物质在各种不同的影响下所发生的原子或分子之内在变化的科学。精神被定义为"要么关乎心智——包括智力、感觉和意志，要么属于纯粹理性"。

6　而科学是通过精确的观察和正确的思考而获得并加以检验的知识。因此，精神化学就是处理物质环境在心智的作用下所发生的变化，并通过精确观察和正确思考来加以检验的科学。

7　正如应用化学中所发生的变化是物质有序化合的结果一样，精神化学中所发生的变化也遵循同样的方式。这是毋庸置疑的，因为原理的存在不依赖于它们借以发挥作用的条件，它们是独立且恒定的。光必定存在——否则就用不着眼睛；声音必定存在——否则就用不着耳朵；心智也必定存在——否则就用不着大脑。然而，个体的无穷性使力量得以彰显，正如思想的化合有无穷多种可能一样，其结果也可以在无穷多种境遇和经历当中看到。

8　因此，精神作用是个体与那些普遍适用的理念的交互作用。正如普遍适用的理念是遍布于所有空间、赋予所有生物以智能一样，这种我们可以称之为"万能化学家"的精神的作用与反作用就是因果法则。因果法则不是在个体心智而是在普遍适用的理念中获得的，与其说它是一种客观能力，倒不如说它是一个主观过程。它放之四海而皆准。

9　利用精神化学能够改变动物和人身上的有机结构。原生质细胞渴望光，并放送出它的推动力。这种推动力逐渐构造了眼睛。有一种鹿，其所觅食的地方树叶都长在高枝上，由于持续不断地伸颈够向它们喜爱的食物，于是便一个细胞接一个细胞地构造出了长颈鹿的脖子。两栖爬行动物渴望在水面上自由飞翔，于是它们发展出了翅膀，也便成了鸟。

10 对栖生于植物身上的寄生虫所做的实验表明，即便是最低等的生命也会利用精神化学。洛克菲勒学会的雅克·罗卜博士做过以下这个实验：为了获得材料，将一些盆栽玫瑰放置在一扇关闭的窗户前。如果听任植物干枯的话，先前没有翅膀的蚜虫就会变成有翅昆虫。经过蜕变，这些虫子离开了植物，飞向窗户，并沿着玻璃向上爬。很明显，当这些小虫子发现它们曾经赖以生息繁衍的植物，再也无法提供它们的食物来源时，它们自我拯救的唯一办法，就是长出临时的翅膀远走高飞，结果，它们如愿以偿了。

> 光必定存在——否则就用不着眼睛；声音必定存在——否则就用不着耳朵；心智必定存在——否则就用不着大脑。

11 赤身裸体、凶残野蛮的原始人，蹲坐在阴森的洞穴里，啃着骨头，在一个充满敌意的世界里生老病死。无知，造就了他的敌意和他的不幸。"憎恨"和"恐惧"与他形影相随，手中的棍棒是他唯一愿意信赖的。他敌视野兽、森林、湍流、海洋、乌云甚至他的同类伙伴，看到的只有敌人，看不到它们互相之间或者它们跟自己之间存在的任何联结纽带。

12 现代人天生就奢侈得多。爱，轻摇他的摇篮，萦绕他的青春。当他起身要去拼搏，手里挥舞着的，是铅笔，而不是棍棒。他依赖的，是他的大脑，如今还有他的肌

第1课 学会思考，才能学会创造

肉。他深深懂得，肉体只是一个有用的仆人，既当不了主人也不能看作平辈。他的同伴和大自然的力量也都绝非他的敌人，而是能赐予他力量的朋友。

13　从敌意到爱，从恐惧到自信，从物质的争斗到精神的控制——这一系列的巨变，都得益于"理解"的缓慢呈现，得益于他对下面这个问题的理解的逐步加深："宇宙法则"，究竟是值得羡慕的思想，还是恰恰相反？

14　精神图景直接作用影响脑细胞，反过来，脑细胞又作用于整个生命，这一点早已被华盛顿史密斯学会的埃尔默·盖茨教授证实。实验选择在某几种色彩占支配地位的畜栏，里面圈养了一群几内亚猪，解剖结果表明，猪大脑的色彩区域比圈养在其他畜栏里的同类几内亚猪的色彩区域要大。有人对人在不同情绪下的汗水盐分进行过实验分析。一个处在愤怒状态的人所排出的汗，虽然颜色与平时无异，但尝试放一点点在狗的舌头上，狗会发生中毒现象。

15　心智还会改变血液的运行，这一点在哈佛大学对躺在跷跷板上的学生所做的实验中得以证实：当让学生想象自己正在竞走时，跷跷板会朝脚的一端下沉；而让他想象做一道数学题时，平衡板就会朝头的一端下沉。这一系列的实验都充分表明，想法不仅仅能以远超过电流的高强度和高速度在脑间持续不断地闪现，而且，它还构建了其借以发挥作用的身体构造。

16　显意识的心智活动，让我们了解到自己作为个体的存在，并借以认识我们周边的世界。而潜意识的心智活动，则是储存过往思想的仓库。

17 注意观察孩子学习弹钢琴的过程，我们可以理解显意识和潜意识的作用。老师教他如何控制自己的手指、如何击键，但练习的最初，控制手指的动作实践起来有些困难。他必须每天反复练习，全神贯注于他的手指，逐渐做出合乎规范的动作。最终，贯注的全部精神成为下意识，手指被潜意识所控制。在他练习的第一个月，也很可能是第一年，他只有把自己的显意识集中在手指上才能演奏；但到了后来渐入佳境，他就能一边与人交谈，一边轻松自如地演奏了，正是因为正确动作的观念已经彻底渗透到潜意识中了，潜意识完全可以指挥它们，显意识的作用彰显已经无关大碍。

> 精神图景直接作用影响脑细胞，反过来，脑细胞又作用于整个生命。
>
> 显意识的心智活动，让我们了解到自己作为个体的存在，并借以认识我们周边的世界。而潜意识的心智活动，则是储存过往思想的仓库。

18 潜意识非主动型，只是忠实地执行显意识所暗示的东西。这样一种密切的关系，使得显意识的思考显得尤为重要。

19 人的血液循环、呼吸、消化、吸收全部都受潜意识控制。潜意识只从显意识那里获得刺激，因此，我们只需改变我们的显意识思考，就能在潜意识中获得相应改变。

20 我们生活的环境，如同一个深不可测的、可塑的精神物质海洋。这种精神物质永远是活跃、积极的，敏感得无以复加。它能根据精神需求而随物赋形。思想，便是这种物质赖以表达的土壤或母体。

第1课 学会思考，才能学会创造

21　宇宙一直是活跃的。必须要有精神，才能表达生命；没有精神，一切都不复存在。每一个事物的存在，都是这一基本物质的彰显证明，它创造万物，并实施持续不断的再创造。人的能力，就在于想要让自己成为一个创造者，而绝非被造物。

22　思考的结果，成就了万物。人能完成看似不可能的任务，正是因为在心底他不承认这件事是不可能的。人们凭借专心致志，遨游在有穷与无穷、有限与无限、有形与无形、有我与无我的空间，并为它们建立起了联系，提供了互相转化的可能。

23　伟大的音乐家创造出让全世界都为之颤抖的神圣的狂想曲，伟大的发明家同样通过令世界震惊的创造建立了世界的联系。伟大的作家，伟大的哲学家，伟大的科学家，都获得了这样的和谐，并运用得如此宽广，感动世界。这是他们数百年前的创作，我们却刚刚开始认识它们所蕴藏的真理。热爱音乐，热爱事业，热爱创造，让他们倾注全力，也促成了他们稳妥地探索到把自己的理想具体化的途径和方法。

24　因果法则，无处不在，遍及整个宇宙，不停歇地发挥着作用，拥有着至高无上的地位；此为因，彼为果，互为补充，决不能独立运转。大自然一直致力于建立一个完美的平衡。这就是所谓的宇宙法则，是永远活跃的。万物努力奋斗，就是为了求得宇宙的和谐。这一规律贯穿整个宇宙运动的始终。太阳，月亮，星星，和谐地守候在属于它们各自的位置，在自己的轨道上运行，在某时某地出现，天文学家正是借助这一精确的规律，才能够告诉我们：在千年那么漫长的时间里，星星会在哪个不同的位置出现。因果法则，正是科学家预测和探讨的前提和基础。这个法则，同样贯通于人的领域。当人们说到幸运、机遇、偶然和灾祸，想一想，其中任何一种情况难道不都是可能的么？宇宙是不是一个单位？科学推论：如果是，而且，如果在其中一个部分存在规律和秩序的话，那么，它必定要扩展到其他所有的部分。

25　相像导致存在的每一层面上的相像，当人们带着暧昧的倾向相信这一点时，他们拒绝在他们所牵涉到的地方对之给予任何考量。追根溯源于以下这个事实：迄今为止，人并没有认识到如何让跟他不同的经历相关联的某些"因"动起来。

> 潜意识非主动型，只是忠实地执行显意识所暗示的东西。这样一种密切的关系，使得显意识的思考显得尤为重要。
>
> 潜意识只从显意识那里获得刺激，因此，我们只需改变我们的显意识思考，就能在潜意识中获得相应改变。

26　这种工作假说在几年前才被提出，应用在人的身上，我们不难归结出——宇宙的目标就是和谐，意味着万物之间平衡所能达到的完美状态。

27　我们有一个思想层面——让动物做出响应的作用与反作用的所谓动物层面，但人对此一无所知。我们还有几乎是无限的显意识的思想层面，人可以对之做出响应。在这一层面上，我们拥有了诸如无知、聪明、贫穷、富有、病弱、健康等众多足够丰富的想法。思想层面的数量是不胜枚举的，关键在于，当我们停留在某个明确的层面上思考时，我们就是立足于这个层面能对思想做出响应，而反作用的效果在我们的环境中是显而易见的。

28　以一个正在财富的思想层面上思考的人为例吧。他被一种观念激发的结果就是成功，不可能有别的结果。他正

第1课　学会思考，才能学会创造

在成功的层面上思考，他只接收跟成功相协调的思想，任何别的信息都无法抵达他的意识，因此，他对这些信息一无所知；事实上，他的触角伸入了宇宙精神，并与他的计划和雄心赖以实现的观念建立起了联系。

29　此刻，你不妨就地坐下，耳边放一只扩音器，听最美妙的音乐，或是一篇演讲，或是最新的市场报告。除了来自音乐的愉悦和从演讲或市场报告中所撷取到的信息之外，还显示了些什么呢？

30　它首先显示，必定存在某种充分净化了的物质，把这些振动携带到世界的每个角落。这种物质必定充分净化了，足以穿透人类所知的每一种其他物质。这些振动必定穿透了各种树木、砖块或石头，穿越了江河、山脉、地上、地下，纵横天地万物，在纵横的时空里，时间和空间早已失去意义。在匹兹堡或任何其他别的地方的广播里，正在播放的一支转瞬即逝的乐曲，只要有了设备，你都能亲耳听到它，如同在同一间屋子里听到的一样清晰。这表明，这些振动的传播是向四面八方，不论你身在何处，只要有耳朵，就能听到。

31　如果真的存在这样一种纯净的物质，能够携带人的声音向四面八方发送，那么，同一种物质也将会同样能够确凿无疑地携带思想，这绝对可能！我们该如何确信呢？实验！这是检验想法确认真理的唯一方式。你不妨按照程序，亲手一试。

32　首先，就地坐下。选择一个自己非常熟悉的题目进行思考，沉静下来，一连串的想法会接踵而至。一个想法会暗示另一个想法。你很快会觉得不可思议：自己只是这些想法彼此彰显贯通的通道。你难以置信，自己对于这个题目的认知居然会这么多，绝对超乎想象！你不知道，自己可以为它们捡拾出这样美丽的言辞，想法的诞生根本不费吹灰之力。你质疑：它们究竟自何而来？所有智慧、所有力量、所有理解的源泉，在哪里？你！你就是所有知识的源泉。因为每个曾经诞生过的想法不会消失，依然存在，准备并等待着某个契机，让它得以表达。正因为如此，你能够触碰到从前每位圣贤、每位艺术家、每位金融家、每位产业领袖的思想，因为思想是不会消失的。

> 大自然一直致力于建立一个完美的平衡。这就是所谓的宇宙法则，是永远活跃的。万物努力奋斗，就是为了求得宇宙的和谐。

33 如果你的实验不幸失败，那就再尝试一次吧。大多数人在做事的时候都难以一次性成功。就在我们第一次要站起来行走时，也并不成功。如果要再次尝试，不要忘记，大脑是客观心智的器官，它通过神经系统跟客观世界相联系；这一神经系统通过某种感官与客观世界联系起来。这就是视觉、听觉、触觉、味觉和嗅觉。思想这种东西，我们既看不到也听不到，不能尝，不能嗅，也无法触摸。当然，我们尝试接收思想时，这五种感觉都会失去意义。因为，思想属于精神范畴，无法凭借任何物质到达我们身上。那么，我们要同时放松精神和身体，发出求助信号，并等待结果。实验能否成功完全取决于我们的接受能力。

34 在谈到这种物质的时候，东方的科学家们倾向于用"气"这个词。"我们在其中生活、运动，并表现出我们的行为举止。"它渗透万物，无处不在，是一切活动之

第1课 学会思考，才能学会创造

源。科学家们喜欢使用"气"这个字，因为它意味着能够被测量，对于机械的科学家而言，无法被测量的事物都无法存在。但谁又能测量电子呢？

35 相对于原子的直径来说，电子的直径，打个比方来说，就像我们的地球直径相对于其环绕太阳运行的轨道直径一样。确切地说，经科学测定，一个电子是一个氢原子质量的一万八千分之一。由此看来，物质能够精细的程度，远远超出人脑所能计算的范围。电子等微粒构造物质的过程，是一个具体化智力能量的无意识过程。

36 众所周知，食物、水和空气这几个基本元素是维持生命所必需的。但确实还存在某种更基本的东西。我们在每一次呼吸时，在让空气充满我们肺部的同时，还让"气场能量"填充我们的身体。即使最简单的生命呼吸，也充满了心智和灵魂所需要的每一种必需品。这种赋予灵魂的生命，比空气、食物和水更加必不可少。没有食物，一个人也可以生存40天，没有水，能生存3天，即使没有空气也能坚持几分钟。古老的东方学说认为，一旦失去人体赖以运行的"气"，是一秒钟也坚持不了的。"气"是生命的主要本质，包括所有的生命本质。呼吸的过程不仅为身体的构建提供了食物，而且也为心智和灵魂提供了养分。

因和果在思想的领域如同在肉眼所能见到的物质世界中一样，关系稳定，绝不偏移。精神是一位高明的织女，同时编织出内在性格和外部环境的衣袍。

——詹姆斯·艾伦

第 2 课 仅仅因为思想,一切都将不同

LESSON TWO

1　有源就有流,源远才能流长。而普遍的理念一旦离开它的源头,就以物质的形式呈现,变得具体化了;它反过来又以这种物质形式作为载体回到它的源头。被电磁所激活的无机生命,是智能自下向上、朝着它的普遍源头回归的第一步。普遍能量是具有智能的,物质正是在这一不由自主的过程中逐步形成的,这是大自然的智能过程,是大自然为了其特殊目的而把自己的智能个体化的结果。

2　生命与意识的基础,就潜藏在原子的后面,可以在普遍存在的"气"中找到它。"气"中的心智,跟血肉之躯中的心智一样自然。它可以被理解为一种超物质,没有物质形态,充斥于一切空间,把那些聚合了动力的、被称作"世界"的微粒携带在它无际无涯、悸动战栗的胸膛里。它赋予终极精神原则以形体,联合力量与能量的,作为源头,人类所感知的一切现象——物质的、精神的和属灵的——都源于这些力量与能量。除了能量与运动的功能,"气"还有一些与生俱来的属性,环境合适的话,能浮现出其他现象,包括生命、心智,或者可能存在于实体中的其他任何东西。

3 那些极其微小的会变成人的物质微粒——细胞，其中就不乏心智的征兆和萌芽。我们可以推论：也许心智的元素就存在于那些在细胞中找到的化学元素之中。

4 矿物质原子彼此互相吸引，形成聚合或团块。这种彼此吸引的力量被称作"化学亲和性"。正原子总是吸引负原子，它们彼此间的磁力关系导致原子的化合。一旦没有更大的正极力量使它们分离，化合就不会终止。两个或两个以上的原子化合形成分子，因此，原子被定义为"能维持其自身特性的物质的最小粒子"。一个水分子就是一个氢原子与两个氧原子的化合（ H_2O ）。

5 大自然在构造一棵植物的时候，与之合作的不是原子，而是胶质细胞，因为大自然构造作为实体的细胞，正如同它构造赖以形成矿物质的、作为实体的原子和分子一样。植物细胞（胶质）有力量从土壤、空气和水中汲取它生长所需要的能量。因此，它汲取矿物生命并支配它。

6 当植物物质精炼到能够接受更多普遍智力能量时，动物生命就出现了。如今，植物细胞变得如此可塑，以至于它们有了个体意识的能力，还拥有了那妙不可言的磁力。它从矿物生命和植物生命中汲取生命力，并加以支配。

7 身体是细胞的聚合，倾向于把这些细胞组织成细胞群落的精神上的磁力赋予它以生命活力，协同组成身体的细胞群，操纵身体这个有意识的实体，使之能够把自己从一个地方带到另一个地方。

8　原子与分子以及它们的能量，如今都服从于细胞的利益。每个细胞都是一个活生生的、有意识的实体，能够选择自己的食物、抵抗进攻、繁殖自己。

9　一个普通人的身体，大约有26万亿个细胞，组成大脑与脊髓的细胞大约就有20亿个。每个细胞其实都拥有其个体意识、直觉和意志，每一个联合起来的细胞群也都有其集体意识、直觉和意志，推及至每一组协同工作的细胞群也是如此，直至整个身体有一个中枢大脑，所有细胞群之间的大协作就发生于此。

> 要想改变你的外在世界，就要从内在世界着手，如果只是试图从外在世界本身寻找解决问题的答案，这样做是徒劳无功的，只能解决表面的问题。

10　生物起源规律证明：每种脊椎动物，跟其他动物一样，都是由一个单细胞进化而来。人这个生物体，最初也是由一个受精卵构成。母亲和父亲通过卵子和精子分别把个人特征遗传给下一代。就像身体特征的遗传一样，这种遗传渗透到了最精细的精神特征。遗传物质究竟是什么呢？这种我们随处能找到的、作为生命奇迹的物质基础的神秘物质到底是什么呢？生物学家证实，有机生命的物质基础就是遗传物质。确切一点说，它是一种化合物，能独立完成各种生命过程。就其最简单的形态而言，活细胞只是一个柔软的遗传物质球，内含一个稳定的核子。一旦受精，就会进行分裂繁殖，形成一个具有多个特殊细胞的群落或群体。

11　这些细胞群不断分化，通过特定过程，发展出那些组成不同器官的生物组织。那些已经得到发展的、多细胞组成的生物体，包括人以及所有高等动物，都无异于一个社会或公民群体，其内在的众多单个个体的发展方向均不同，但最初都不过只是拥有共同结构的简单细胞。

12　巴特勒博士在《如何实施精神治疗》一文中指出，以细胞的形式开始，诞生了地球上的所有生命，细胞组成躯体，心智赋予它生命。在开始以及后来很长的时间里，这种赋予生命的心智被我们称作"潜意识"。但随着形态越来越复杂，并产生了感官，心智便分化出了一个附加物，形成另一部分，我们称之为"显意识"。所有生物在最初都只有一个引导者，在所有事情上它们都必须遵循这个引导者，然而，后来成为心智附加物的那种东西给生物提供了新的选择。这就形成了所谓的"自由意志"。

13　智能被赋予到每个细胞，帮助它完成复杂的劳动，如同一个奇迹。在涉及精神化学的奇迹时，我们必须在心底牢记这个事实：细胞是人的基础。

14　众多活生生的个人组成了一个民族，众多活生生的细胞组成了我们的身体。同在一个国家，公民从事不同的生产——在田野、森林、矿山和工厂；一样从事流通，有人在运输线上，有人在仓库里，也有人在商店或者是银行里；在立法院里，有人在法官席上或行政长官的职位上从事管理；有人从事保护工作——职业分别是军人、水手、医生、教师和传教士。身体构造亦然：有些细胞从事生产，譬如嘴、胃、肠、肺，给身体提供食物、水和空气；有些细胞从事供应分发和废物排除，譬如心脏、血液、淋巴、肺、肝、肾、皮肤；有些细胞从事公共管理，譬如大脑、脊髓、神经；有些细胞则忙于保护，譬如白血球、皮肤、骨头、肌肉；还有些细胞则担负着物种繁殖的功能。

15 一个国家的活力和福祉，归根结底要依赖于其公民的活力、效率与协作，身体的健康与生命力，也依赖于其无数细胞的活力、效率与协作。

16 我们已经知道，细胞为了实现特殊的功能而被聚合成系统和群组，对于身体的生命与表达，这些功能都是不可或缺的，正如器官与组织所发挥的功能。只有几个部分为着生物体的总目标，和谐共处、互相尊重、统一行动，才会有健康与效率。当因为任何原因而发生不和谐时，疾病便会接踵而至，让安逸和和谐消失得无影无踪。

> 当因为任何原因而发生不和谐时，疾病便会接踵而至，让安逸和和谐消失得无影无踪。

17 在大脑和神经系统中，细胞根据它们需要实现的特殊功能而聚合起来共同行动。我们的视觉、味觉、嗅觉、触觉和听觉正是以这种方式，才能够发挥作用。也正是以这样的方式，我们才得以回忆过去，拥有记忆力，以及其他种种。

18 假如精神和身体的状态都很好，就在于这些不同的神经细胞群彼此之间完美配合、通力协作，情况与病态时迥异。在正常状态下，正如我们作为细胞系统一样，自我控制所有这些个体细胞和细胞群，协调合作、统一行动。

19　疾病预兆了器官的分散行动。某些系统或群组——由数量巨大的微小细胞组成——一旦开始特立独行，就会变得彼此间不和谐。由此颠覆整个生物体的步调。单个器官或系统也因此放弃跟身体其他部分的同调合拍，给身体造成严重损害。疾病由此产生。

20　在任何联合中，行动的效率与和谐都取决于其中枢管理机构所具备的力量和信心；一旦维持这些的条件失败，那么，随之而来的将是冲突与混乱。

21　在《细胞智能》一文中，内尔斯·奎里清楚地表达了这样一种观点："人的智能就是他的大脑细胞所拥有的智能。如果说人是有智力的，他依靠自己的聪明才智，结合并安排物质和力量，以完成像房屋与铁路这样的建筑，那么，当细胞指挥大自然的力量实现了我们在植物和动物中所看到的那些建筑时，为什么不能说细胞也是有智力的呢？细胞并不是在任何化学或机械的外力下被迫行动的，它根据自己的意志和判断而采取行动，是一个独立的、活生生的动物。"柏格森在他的《创造进化论》一文中从物质和生命中似乎看到了一种创造性的能量。如果我们站在远处注视一幢摩天大楼逐渐升起，我们就会说，在它的背后必定有某种创造性的能量在推动这幢建筑，而且，如果我们没有近到足以看见正在干活的建筑工人的话，我们一定会认为是某种创造性的能量催生了这幢摩天大楼，除此之外不会有别的想法。

22　细胞其实就是一种动物，是高度组织化和专门化的动物。就以一种被称为"阿米巴"的单细胞动物为例，它没有组织器官可以制造淀粉，遇到紧急情况时，总是携带一种建筑材料以给自己裹上一层盔甲以保命。还有一些细胞则携带一种被称作"色素胞"的组织，借助日光从泥土、空气和水里的天然物质中制造养分。从这些事实里，我们可以知道：细胞属于一种高度组织化、专门化的个体，以生命的观点来看，生命物质和力的原理都一样，一块石头从山上滚下跟一辆汽车在平坦的公路上移动也一样。一个是在地心引力下被迫运动，一个则是依靠引导它的智能在运动。生命（像植物和动物）的建筑，建造的物质取自泥土、空气和水中，正如人类所建造的建筑（像铁路和摩天大楼）一样，这个事实让我们清楚地看到：细胞也是一种有智力的生命。

> 思想是行动的前提和动力，如果思想是和谐的，具有建设性的，那么结果一定是美好的，如果思想是破坏性的，嘈杂不堪的，结果一定是不幸的。思想是善恶之源的奥秘，幸与不幸，全部由思想来主宰。

23 如果说细胞也像人一样经历过社会组织与进化的过程，那么，它其实就是像人一样有智力的生命。你是否想过：当身体表面有损伤或被擦伤时会发生什么呢？白细胞或者所谓的"白血球"就会成千上万地牺牲自己，以保住身体，这是必需的。它们在身体中完全自由地生活。不跟随血液随波逐流（除非是在忙乱中被带到某个地方），而是作为独立生命到处走动，留心仔细不出错。一旦发生擦伤或割破身体表皮的事情，它们立刻就会得到信息，前赴后继赶赴现场，指挥修复工作，如有必要，它们还会改变自己的职业，以承担不同的工作，为把组织凝固在一起而制造结缔组织。几乎在每一个裂口上（无论是擦破的还是被割开的），都有不计其数的白细胞在修复和愈合伤口的工作中英勇献身。一本生理学的教科书曾简明扼要地提及这种情形："当表皮受伤时，白细胞会在表皮上形成新的组织，同时，上皮细胞则从伤口边缘开始蔓延，停止生长，直到完成愈合过程。"

第2课 仅仅因为思想，一切都将不同

24　原来，身体中并不存在什么特殊中心进行智力活动。每个细胞几乎都相当于一个智力中心，不论它在什么地方，也不论我们在哪里找到它，它都清楚自己的职责。在细胞这个国度里的每个公民，都是一个独立的智力存在，全体细胞公民为了全民福祉共同工作。个体可以为大家的普遍福祉而牺牲性命，这样的结果，我们其他任何地方都无法找到，也不可能以任何其他方式来获得，更不可能以代价更小的个人牺牲来获得，它对于社会生存是必不可少的。个体可以为了共同利益而做出牺牲，这样的原则，被普遍认定，无可撼动，是属于大家的共同责任，赋予每一个个体，在这种默认下，它们置自己的个人安逸于一旁，尽心履行属于自己的工作职责。

爱迪生先生说：

　　我相信，我们的身体是由无数个生命单位所组成的。我们的身体，本身并不是生命单位或某个生命单位。我们用轮船"毛里塔尼亚"号做个例子吧。

　　毛里塔尼亚号本身并不是个有生命的东西——船上的人才是活的。比方说，如果她在岸边沉没了，人都逃走了，当人们离开这艘船的时候，只不过意味着"生命单位"离开了船。同样，一个人并不因为他的身体被埋葬了就死掉了，而只是生命的本原——换句话说，就是"生命单位"——离开了他的身体。

　　属于生命的每一样东西依然活着，不可能被消灭。属于生命的每一样东西依然服从于动物生命的规律。我们有无数的细胞，正是这些细胞中的栖息者，那些其自身已经超出了显微镜所能看见的范围的栖息者，赋予了我们的身体以生命。

　　换一种方式说吧，我相信，我所说的这些生命单位，为了造出一个人，而把它们自己数百万数百万地组合在一起。我们太过轻率地得出这样的假设：我们每一个人本身都是一个单位。因为这一点（我深信这是错的），所以我们假定：这个单位就是人（这是我们能看到的），并忽视了真正的生命单位的存在，而真正的生命单位是我们看不见的，哪怕通过高倍显微镜。

今天，没有人能为"生命"的开始和结束设定界线。即使在晶体的构造中，我们也能看到明确有序的工作流程。某些分解总会形成一种特殊的没有变异的结晶。在矿物与植物中发挥作用的这些生命实体，并非不可能在我们所谓的"动物"世界里一样发挥作用。

> 思想统辖整个世界，统辖整个政府，每家银行、每项产业、每个人以及每样东西。一切都因为思想而变得大为不同。

25 由此，我们应该已经对化学家们、他们的实验室，以及他们的交流体系多少有几分认识了。

26 那么，他们的产品究竟如何呢？这是一个很现实的时代，甚至可以说成是一个商业主义时代。一旦化学家们生产出的产品不具备任何价值，无法产生经济效益，对于我们来说，根本就不值一提。值得庆幸的是，在本案中化学家们所生产出的商品是人类迄今为止所有的商品中经济价值最高的。

27 这是一种全世界都梦寐以求的东西，却在任何地方和任何时间都能实现；绝非一笔呆滞资产，恰恰相反，它的价值举世认可。

28 它就是思想。统辖整个世界，统辖每个政府、每家银

第2课 仅仅因为思想，一切都将不同

行、每项产业、每个人以及每样东西。一切都因为思想而变得大为不同。人，因为思考问题的方式而走到现在；人与人之间、民族与民族之间，之所以不同，说到底，只是因为他们思考问题的方式不同，如此而已。

29　那么，思想到底是什么呢？它是每个思想个体所拥有的化学实验室的产品，是盛开的繁花，是复合的智能，是之前所有思考过程的结果，是饱满的硕果，包含着个体奉献的所有果实中最好的结晶。

30　没有任何一种物质，也不会有人愿意为了世界上最名贵的黄金而放弃自己的思想。因为思想的价值无可企及。它不是物质的，属于精神范畴。

31　这就说明了思想具有令人叹为观止的价值的真正原因。思想是精神活动，也是精神所拥有的唯一活动。精神，是宇宙的创造性法则，因为，部分与整体的差别只在程度上，种类与品质上是一样的，所以，思想必定也是创造性的。

32　如同所有其他自然现象一样，振动是思想赖以保存的普遍原理。每一个想法导致振动，以这种形式一个接一个波环地扩张并减弱，好比一颗石头扔进水池所激起的波浪一般。来自其他想法的振动波有时会阻遏它，或者在逐渐虚弱中消失。

33　神经系统就是人体中思想的联络器官：脑脊髓神经系统是显意识心智的电话系统。是从大脑到每个身体部位（尤其是终端）的非常完善的线路系统，好比一个情报局。

34 交感神经系统则是潜意识心智的系统。其功能是：充当摆轮的角色，维持身体的平衡，防止脑脊髓神经系统的过头或不足的行为。它直接受情绪的影响，恐惧、愤怒、嫉妒或憎恨，诸如此类的情绪很容易让身体自动调节功能的运转失调，从而颠覆一些身体功能，比如：消化、血液循环、一般营养供给，等等。

35 以上所提及的恐惧、愤怒、憎恨等负面情绪会引起"神经质"以及身体不适、健康状况不佳等令人不快的体验。

36 因此，要充分发挥交感神经系统的功能，以此来维护身体正常、健康的运转状态，补偿由于自然耗损（包括情绪和身体）所带来的损耗。所以，我们的情绪状态如何至关重要：正面情绪富有建设性，而负面情绪，则带有破坏性。那么，你还愿意为了一些小事而耿耿于怀、斤斤计较么？那对我们的身体、我们的生活、我们的工作不但于事无补，还会起到负面作用。

> 思想的价值无可企及。它不是物质的，属于精神范畴。
>
> 思想是精神活动，也是精神所拥有的唯一活动。

第2课 仅仅因为思想，一切都将不同

第 3 课 完美人生的伟大规律——引力法则

LESSON THREE

1　宇宙广袤无垠，所包含的物质千般万种。其中有一种力量能够扫荡无穷时空、穿越来世今生，这股神奇的力量就是精神化学，它是由我们看不到却能感觉得到的意识、精神等思想汇成的不息川流；它拥抱过去，并把过去和无限扩展的未来联系起来；它是一种相关的作用、原因和结果携手并进的运动。在这里，规律与规律相榫接，所有的规律都是服侍于这一伟大创造的永远顺从的婢女。

2　这种力量是永恒的，没有始点，没有终点，向前追溯，它的历史超过了最远的行星；往后展望，再经历几个世纪它也依旧存在。它见证着万事万物的产生、发展与灭亡，并把它的记忆告诉我们。它使繁花结出果实，它赋予蜂蜜以香甜，它度量天体的无穷；它潜藏在火花中、钻石中，潜藏在紫晶中、葡萄中；它无踪可寻，却又无处不在，它的足迹遍布每一个角落。

3　它是完美的公正、完美的联合、完美的和谐以及完美的真理的源头；而它坚持不懈的努力又带来完美的平衡、完美的成长及完美的理解。完美的公正，是因为它给予付出以平等的回报。

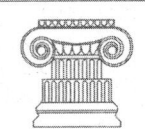

THE MASTER KEY SYSTEM

完美的联合，是因为它的目标始终如一。完美的和谐，是因为它让所有的规律和睦相处。完美的真理，是因为它是天地万物的真理之母。完美的平衡，是因为它度量准确。完美的成长，是因为它就是一种自然成长。完美的理解，是因为它解答了生活中的所有难题。

4 世界是运动的，这是永恒的规律，运动的真谛也潜藏在这一规律之中。因为只有通过运动，以及不断地变化，这一规律才能得以实现；只有当它不运动的时候，它才不再是规律。但是，运动是绝对的，静止是相对的，没有绝对的静止，所以这一规律也不可能停止。

5 无论在黑暗的寂静中和光明的荣耀中，还是在作用的动乱中与反作用的痛苦中，这一规律的唯一目标是不可改变的。它一往无前，永不停止，去实现它的伟大目标——完美的和谐。

6 当把目光投向那些生长于溪谷中奋发向上的植物竭尽全力挣脱黑暗伸向光明的时候，我们看到了、感受到了它的强烈渴望。尽管沐浴着同样的雨水，呼吸着同样的空气，然而所有的物种都在维护它们自己的特性：玫瑰永远是玫瑰，永远不同于紫罗兰，而紫罗兰也永远不会变成玫瑰；把橡子埋进土地，春暖花开时会有橡树的幼苗破土而出，而绝不会是柳树或任何别的种类的树，这是它们的特性使然。所有植物都扎根于同样的土壤，却有的纤弱，有的强壮；所有花蕾绽放在同样的阳光下，它们结出的果实却有的苦，有的甜；有些植物张牙舞爪，令人厌恶，另一些植物却芳香扑鼻，美丽动人。由此可见，所有植物都是通过它们自己的根，从同样的土壤中，汲取那些让它们保持自己独特性的元素。植物中的这一伟大的生命法则，这种历久弥坚的强烈愿望，这种使它们不惜一切去彰显、去成长、去实现自己特性的隐秘力量，就是隐藏在至高权威中的"引力法则"，它没有发布任何指令，却无形中让每一个个体忠实于自己的特殊天性。或许有的个体试图改变这一法则，然而这些愿望的本性，并没有阻止这一法则发挥作用的力量，因为它的功能就是给成熟的果实带来苦，带来甜。

完美的公正，因为它给予付出以平等的回报。完美的和谐，因为它让所有的规律和睦相处。完美的成长，因为它就是一种自然成长。完美的理解，因为它解答了生活中的所有难题。

7　在矿物世界里，它就是岩石、沙粒和黏土中的内聚力。它是花岗岩中的力，是大理石中的美，是蓝宝石中的火花，是红宝石中的鲜血。当它在我们身边的事物中发挥作用时，我们很容易发现它；当它在我们自身心智中发挥作用时，它那看不见的力量却更大。

8　"引力法则"既非善，亦非恶，它超越道德的范畴，无法用道德的标准去衡量。它是一个中立的法则，它的结果总是与个体的愿望密切相关。引力法则的中立及其作用，我们可以在植物嫁接中找到例证。把苹果树胚芽嫁接到桑橙树上，结出果实的时候我们就会发现，同一棵树上一起生长着能吃的和不能吃的果实（译注：桑橙是一种不可食用的水果）；换句话说，健康的和不健康的果实都被同样的树液所滋养并使之成熟。

9　倘若把这个例证应用于我们自己的身上，我们会发现，苹果与桑橙代表我们不同的愿望，而树液代表这一"成长法则"。正如树液使不同种类的果实成熟一样，这一法则也使我们的不同愿望得以实现。不管它们健康也好，不健康也罢，对这一法则来说都无区别，因为它在

第3课 完美人生的伟大规律——引力法则

生命中的位置，就是遵循我们所拥有的愿望，以及这些愿望的特性、作用和目的，让我们的心智实现一个显意识的结果。我们每个人都选择适合于自己的成长线，有多少个体，就有多少成长线；而且，尽管没有两条完全相同的成长线，但我们当中的许多人却是沿着相似的轨迹运动。这些成长线由过去的、现在的和未来的愿望连接而成，并在不断形成的"现在"中彰显。它指明了我们生命的路线，我们将沿着它前进。

10　当这一法则作用于我们自身，我们则看到了它更为复杂、更为宏观的一面，简单心智对此完全无法理解。它在一个更大的领域中唤醒我们一种全新的力量——换句话说，就是更多的诚实，更强的理解力，以及更深刻的洞察力。

11　一个更真实的真理正向我们逼近，因此我们要懂得：真实就潜藏在行动之中，而不是行动之外。要生存，就要意识到这些规则在我们身上所发挥的作用。正如植物的真实，就是植物中隐藏的强烈渴望，而不是我们所看到的外部形态。

12　我们自身的知识，我们通过自己的活动加以灵活运用；外来的知识，我们一样可以通过他人的行动来获取；二者一起使我们的智力得以发展。慢慢地，我们就成为一个被赋予个性的单位，形成了独一无二的自我。

13　当我们摆脱蒙昧，获得促使我们生长发育的智性力量，进入不断变迁的自觉意识中时，我们就开始学着去探寻事物的来龙去脉。在探索过程中，我们认为自己是有独创见解的，而事实上，此时的我们只是过去历代部落生活和国家生活所积聚起来的信仰、观念和事实的学生。

14 我们经常被一种恐惧而无常的状态包围着,而战胜它的唯一武器是贯穿所有规律的不变的一致性,这是我们必须认识的事实核心。在我们成为自己的主人(或环境的主人)之前,我们必须利用这一事实。成长法则是集体成熟的,因为它的一项最主要的功能就是"作用于那些我们让它对之发挥作用的东西"。

> 真实的潜藏在行动之中,而不是行动之外。要生存,就要意识到这些规则在我们身上所发挥的作用。

15 正如因果相循,先有"因"后有"果"一样,思想也先于行动,并预先决定了行动。每个人都必须有意识地、自觉地利用这一法则——我们不能不利用它,只能选择如何利用它。

16 在我们从原始人进化成为有意识的人的过程中,从表面上看经历了三个阶段。首先,我们的成长,经历了野蛮的或无意识的状态;其次,我们的成长,经历了意识发育的智性状态;最后,我们的成长,进入了认知意识的有意识状态。

17 众所周知,植物球茎在长出新芽之前必须首先长出根,而在它能够在阳光下绽放花苞之前必须先长出新芽。这一规律在我们人类的身上也同样起作用,在我们能够从原始状态(或类似球茎的动物状态)向意识发育的智性状态进化之前,我们也必须先长出根(我们的根就是我们的思想);同样在我们能够从意识发育的纯智性状态进化到认知意识的有意识状态之前,我们必须长出根(此时我们的根就是包含理性因素的思维)。如果违背

第3课 完美人生的伟大规律——引力法则

这一规则，我们将永远只是规律的创造物，而不是规律的主人。

18 像植物必须繁花盛开一样，我们也必须个性化。换言之，我们必须释放出一个完整生命所具有的、不断向四周辐射的美，必须坚持向自己、向他人表明：我们是一个力量单位，是独立的个体，是那些支配并控制我们成长的规律的主人。每个人体内都蕴藏着这种规律作用的力量，这一力量通过我们自己而付诸行动。正是通过这种方式，我们开始掌握规律，并通过我们对其作用的有意认知而产生结果。

19 生命严格服从于规律，我们是自己生命的有意识的或无意识的化学家。当我们感受到生命的真谛的时候，我们就会发现，它是由一系列化学作用所组成的。当我们吸入氧气的时候，化学作用就发生在我们的血液里；当我们摄入食物和水的时候，化学作用就发生在我们的消化器官内；当我们思考的时候，化学作用既发生在我们的心智中，也发生在我们的身体内；即使被宣布"死亡"的变化中，化学作用也同样发生，并开始分解人的肌体；所以，我们发现，生老病死、运动、思考都是化学作用。生命是符合规律的，我们的一切活动都必须遵循规律。

20 生命是一个井然有序的进步过程，受到"引力法则"的控制。我们的成长同样也要经历三个表面上看起来不同的阶段。在第一阶段，我们是规律的创造物；在第二阶段，我们是无意识的规律的利用者；在第三阶段，我们是显意识的意识力量的利用者。如果我们坚持仅仅利用第一阶段的规律，那我们就会成为这些规律的奴隶；如果我们只满足于第二阶段的规律和成长，我们就决不会意识到更大的进步。在第三阶段，我们唤醒了我们对第一和第二阶段的规律的意识能力，完全意识到了第三阶段的规律。

21 当我们抱有负面思想的时候，便引发了破坏性的有害化学反应，使我们的感受力变得迟钝，使我们的神经作用减弱，导致心智和身体都变得消极，容易受很多疾病的侵袭。另一方面，如果我们抱有正面的思想，便引发了建设性的、健康的化学反应，促使心智和身体变得可以抵御不和谐思想所带来的很多疾病的侵袭。如果我们思考痛苦，我们就会得到痛苦；如果我们思考成功，我们就会得到成功。当我们抱有破坏性思想的时候，我们就引发了阻止消化的化学作用，它反过来又刺激身体的其他器官，并作用于心智，导致疾病和不适。当我们烦恼的时候，我们就搅动了痛苦的化学作用的污水池，给心智和身体带来可怕的破坏。反之，如果我们抱有建设性的思想，就会给我们带来健康。

> 生命严格服从于规律，我们是自己生命的有意识或无意识的化学家。
>
> 生命，主要是化学作用，而心智，则是思想的化学实验室，我们都是精神实验里的化学家。

22 这些分析足以向我们证明：生命，主要是化学作用，而心智，则是思想的化学实验室，我们都是精神实验室里的化学家，那里的一切都是为我们而准备的，其产生的结果将取决于我们所使用的物质。换句话说，我们所抱有的思想的性质决定了我们所遭遇的境遇和经历。我们在生命中播种什么，我们就会从生命中收获什么——既不会多，也不会少。

23 当我们真正理解生命力的时候，就会发现，生命力，不是机遇问题，不是信念问题，不是国籍问题，不是社会地位问题，不是财富问题，不是权力问题——在个体成长的过程中，所有这些问题都将占有一席之地，但不起决定作用。我们最后必定会认识到：作为服从自然规律的结果，我们所得到的只有"和谐"。

24　规律的这种严格的精确性和稳定性，是我们最大的资产，当我们意识到这一有效力量并明智地加以利用的时候，就是我们发现能让我们获得自由的真理的时候。

25　近年来，在科学上取得了如此巨大的发现，展现了如此浩瀚的资源，揭示了如此巨大的可能性以及如此不为人知的力量，以至于科学家们越来越不敢断言某些已经确立的理论颠扑不破，永远正确，也不敢声称某些理论荒诞不经、绝无可能。一种新的文明正在诞生。陈规陋习、僵化教条、冷酷残暴已经成为过去；取而代之的是开阔的视野、坚定的信念、服务的意识。人类正逐步从传统的镣铐中挣脱出来，军国主义与唯心主义的渣滓渐次涤净，思想获得了解放，真理以它的全貌展现在惊讶不已的人们面前。

26　尽管在人类历史上已经创造了无数奇迹，对于心智法则（它意味着精神的法则）所带来的可能性，我们还仅仅是惊鸿一瞥。这种新发现的力量对我们来说至关重要，我们刚刚在一个微不足道的程度上开始认识到它的存在。它能给遵从它的人带来成功，这一点开始被数以千计的人所理解，所践行。更多的奇迹正在诞生。

27　现在，整个世界正处于觉醒的前夜，将迎来焕然一新的力量和意识，这是一种来自于我们内心的全新力量，是对我们内心的全新认识。上个世纪见证了人类历史上最辉煌的物质进步，而这个世纪，将给人类的精神和心灵带来更为伟大的进步。

思想比所有的言辞更深刻，
感受比所有的思想更深刻，
一个人绝不可能把自己
尚未学会的东西教给别人。

——哈奈尔

第3课 完美人生的伟大规律——引力法则

第 4 课 心智：一切行动赖以产生的中心

LESSON FOUR

1　历史、环境、和谐、机遇、成功以及任何别的东西都是被行动创造出来的；而无论是有意识的行为还是无意识的行动，都是由思想产生的；而思想又不是凭空产生的，思想是心智的产物。因此有一点就变得很明显了，这就是：心智是一切行动赖以产生的创造性中心。

2　我们当前的世界是一个商业世界，这个商业世界刚被构建出来就受到了许多内在规律的控制，这些规律不可能被与它旗鼓相当的任何力量所中止或废除。但有一点是不证自明的：高层面上的规律可以压倒低层面上的规律。就如同树的生命力导致树液上升，地心引力规律并不能将它下降，而是被它所战胜。

3　博物学家耗费了大量时间用来观察可视现象，在他的大脑中负责观察的那一部分不断积累着相关知识。结果，在认识自己所看见的事物上，他就变得比某个未观察过这一现象的朋友内行得多、熟练得多。他只要随便扫上一眼，就能掌握大量的细节。他有意识地在观察方面扩大自己的脑力，通过训练自己的大脑而达到了这样的程度。由此，我们得出了这样的结论：一个人从观察中所学到的知识远远高于未进行观察的同伴。反过

来，一个人如果不行动，不工作，就会使他原本精细的思维变得越来越迟钝、越来越僵化，直到他的整个生命变得贫瘠而荒芜。

4 我们的愿望是思想的种子，在合适的条件下能够发芽生长、开花结果。我们每天都在播撒这样的种子，收获的又是什么呢？每一个今天，都是过去思考的结果，将来又会是现在思考的结果。我们通过自己创立或抱持的思想，创造着我们自己的品格、个性和环境。引力法则也同样存在于精神世界，跟原子引力并无二致。我们的思想也在找寻它自己的同伴，吸引着与自己相协调的精神流。每一种思想都可以变得很具体，精神流像电流、磁流和热流一样真实。

5 心智的巨大潜力，是通过持续不断的练习开发出来的。其活动的每一种形式，都通过实践而变得更完美。为发展心智而进行的练习，显示出各种各样的动机。它们包括：理解力的发展，情操的培养，想象力的活跃，直觉力的舒展（对于直觉力，无须进行激励或禁止，只需让它自由发挥）。

6 此外，心智的力量，还需要通过道德品质的培养来发展。塞涅卡说："最伟大的人，是以坚定的决心做出正确选择的人。"那么，伟大的心智力量，取决于它的道德践行，因此需要让每一次有意识的精神努力都能达到相应的道德目标。一种发展了的道德意识，都能够增强行动的力量和连续性。因此，均衡发展的品格，需要以良好的身体健康、精神健康和道德健康为基础，这些因素联合起来形成了强大的力量并最终通向成功。

7 我们发现，大自然不断在万物之中寻求和谐，不断试图在每一种冲突、每一种创伤、每一种困境之间创造出和谐的环境。思想的和谐是大自然开始创造物质条件和谐环境必不可少的条件。

8   如果我们理解了心智是伟大的创造性力量，那么一切就皆有可能。恰恰由于愿望是一种如此强大的创造性能量，因此我们要在生活和命运中培养、控制、引导我们的愿望，使它为我所用。拥有强大精神力量的人们，支配着他们身边的那些人；他们的影响力，不论远近都能感觉到，甚至能够支配着那些与他们相距遥远的人。那些支配他人的强者，都是拥有伟大心智这种超强力量的人。他们让别人"想要"与他们保持一致，从而确保了他们的领导地位，也保证了他们的愿望得以实现。就这样，强者的愿望可以对其他人的心智发挥强有力的影响，引导这些人按照强者所制定的路线行动。

> 每一个今天，都是过去思考的结果，将来又会是现在思考的结果。
>
> 心智的巨大潜力，是通过持续不断的练习开发出来的。

9   如果不发掘自身的内在力量，任何人都是软弱无力的。只有充分发挥自身的智力和道德征服力的人，才会表现出过人的权威。这一真理正是当今这个极度匮乏的世界所渴望的。每个人的身上都有一种与生俱来的神圣的潜力，每个人都拥有智力，也拥有道德，只不过有的明显可察，有的正在沉睡。

10 我们每天都要经历一次"日出"、一次"日落"，尽管我们知道这只是运动的表象。虽然我们感觉自己脚下的地球是静止不动的，但我们清楚地知道它在飞速地旋转。

第4课 心智：一切行动赖以产生的中心

因而我们说，世上不存在静止，静止存在于我们的心智。我们总把钟说成是"发声体"，然而我们都知道，所有的钟之所以能发声是因为空气中产生了振动。当这些振动达到了每秒16次的频率时就产生了我们通过听觉能感知到的声音，直到频率为每秒38,000次的振动，我们都能听得到。当频率超过这个数字的时候，一切复归于寂静。由此我们得出这样的推断：发出声音的并不是钟，声音就在我们的心智里。

11 我们感到阳光刺目，看到太阳"发光"，然而我们知道，它只是放射出能量，这种能量可以在宇宙中产生频率为每秒400万亿次的振动，引起人们所说的"光波"。当振动的频率减少到每秒400万亿次以下的时候，它让我们感觉不到光了，我们只能感受到热。于是我们知道，我们所说的光，只不过是一种运动方式，唯一存在的"光"，是这些波在我们的心智中所引发的感觉。当振动的频率改变的时候，光的颜色就产生了变化，颜色的每一次改变，都是由于振动的频率或速度的改变所导致的。所以，尽管我们说玫瑰是红色的，草是绿色的，天空是蓝色的，但我们知道，这些颜色仅仅存在于我们的心智里，是光波的振动导致了我们视觉的变化。于是我们知道，阳光是没有颜色的，颜色只不过存在于我们的心智。对我们来说，表象仅仅存在于我们的意识中，甚至连时间和空间都不存在了，时间只是连续的参照物，除了作为现在的思考参照，并不存在过去和未来。

12 现代科学已经教会我们懂得：光与声音只是强度不同的运动，这导致了对人的内在力量的发现，在做出这些揭示之前，人们从未设想过这样的力量。"心智是一种普遍存在的物质，是万物的基础。"许多人如今都在努力对这一令人惊奇的事实给出明确的言说，然而这一至关重要的事实，此前从未渗透进人们的普遍意识中。

13　每个原子无论是分是合，都不可避免被某个地方所接受。它不可毁灭，它只为使用而存在，并且只存在于它该存在的地方。归根结底，有一个法则支配并控制着所有的存在。支配我们生活的规律如果运用得当能够为我们带来利益。这些规律不可改变，我们也无法摆脱它们，这些伟大的永恒力量，在寂静中发挥着作用。我们虽然无法消除规律，但是却可以使它们为我所用。让自己与规律和谐相处，度过和平而幸福的一生，是我们力所能及的事。

> 心智创造负面境遇就像创造有利境遇一样轻而易举，当我们有意或无意地设想匮乏、局限与冲突时，我们就是在创造这些负面境遇，这正是许多人在无意之中所做的事情。

14　困境，冲突，障碍，都向我们证明：成长是通过以旧换新、以次换好来实现的，要么是拒绝给予我们不再需要的，要么是拒绝接受我们所需要的。我们只能接受我们所给予的东西，我们也只能给予我们所接受的东西；它之所以属于我们，是为了表达我们成长的速度与和谐的程度。这是一种有条件的、互惠的行为，因为我们每个人都有一个完整的思想实体，这种完整，使得我们只有在自己给予的时候才有可能接受。如果我们死守自己所拥有的，我们就不能获得自己所缺乏的。

15　因为引力法则的作用就是只带给我们有利的东西，因此只要我们明确地知道自己想要什么，需要什么，我们就能够有意识地控制我们的环境，能够从我们的每一次经历中汲取我们进一步成长所需要的东西。我们所能达到的和谐与幸福的程度就取决于我们就否拥有获得成长所需的东西的能力。

第4课 心智：一切行动赖以产生的中心

16　当我们达到更高的层面、获得更宽广的视野的时候，我们获取并利用成长所需要的东西的能力也随之不断增长。我们了解自己需要什么的能力越强，我们辨别它、吸引它、吸收它的可能性就越大。除了我们成长所需要的，我们不需要别的东西。我们创造的所有条件和做出的所有努力都是为了我们的利益服务的。困难与障碍源源不断而来，我们可以从这些困难与障碍中汲取智慧，收集我们进一步成长不可或缺的东西。种瓜得瓜，种豆得豆，所予所取，不爽毫厘。我们获得的力量的大小，取决于我们战胜困难时需要付出的努力的多少。

17　生命成长的永恒不变的需求，要求我们尽最大的努力，去获取那些能够为我所用的东西。通过领悟自然法则并有意识地与之合作，我们才能获取最大程度的幸福。像所有其他规律一样，这一规律也对所有人一视同仁，而且处于持续不断地运转中，分毫不差地把你行为的结果带给你。换言之，"人种的是什么，收的也是什么。"（《新约·加拉太书》第6章第7节）

18　心智的力量，常常受到一些令人麻痹的束缚，这些束缚来自人类原始质朴的思想，长期以来被人们所认可并对人们发挥着作用。恐惧、烦恼、无力和自卑的感想，每天都在侵袭着我们。这些因素就是我们所得到的东西如此之少，生命如此贫瘠的根源。当然，心智创造负面境遇就像创造有利境遇一样轻而易举，当我们有意或无意地设想匮乏、局限与冲突时，我们就是在创造这些负面境遇；这正是许多人在无意之中所做的事情。但每个人都有无穷的潜力，只需释放欣赏触觉和健康的野心，使之扩展为真正的伟大，我们就可以挣脱束缚，摆脱负面因素的困扰。

19 因为女人拥有更为细腻的敏感性，使得她们更容易接受来自他人心智的思想振动，因此女人多半比男人更易受到负面因素的支配，因为负面的、压抑的思想洪流对女人的杀伤力尤其强大。

> 创造力全在于人的内心，人的心智构成了人与人之间的唯一差异。在人生旅途中，正是心智使我们能超越环境、战胜困难。

20 但这种局限不是不可战胜的。有数不清的女性歌唱家、慈善家、作家和演员，都突破了这种局限，证明了她们有能力实现文学的、戏剧的、艺术的、社会学的最高成就。当弗洛伦斯·南丁格尔在克里米亚半岛付出前所未有的同情心的时候，她就战胜了这种局限性；当红十字会领袖克拉拉·巴顿在联邦军队中从事类似的工作时，她也战胜了这种局限性；当詹妮·林德在音乐艺术中为实现自己充满热情的渴望辛勤付出，最终达到那个时代最高的艺术成就并同时赢得巨额的经济回报，从而显示出自己非凡的能力的时候，她也战胜了这种局限性。

21 思想的影响与潜力，受到了前所未有的追捧和重视，人们开始对其进行独具慧眼的研究。男人和女人都开始自己独立思考，他们对自己身上存在的可能性已经有了一些认识。他们迫切要求：如果生命中还有什么秘密的话，就应该把它们揭示出来。

22 如今，新的世纪已经破晓，站在熹微的晨光中，人们看到了某种巨大的庄严的东西，这就是生命的无穷的潜力之源。站在这样的光明中，人们发现自己能够从生命无穷的能量中汲取新的力量（他自己也是这一无穷能量的

第4课 心智：一切行动赖以产生的中心

一部分）。这种力量使人确信：人所能达到的成就是不可估量的，人向前行进的边界线是无法限定的。

23 有的人，似乎是轻而易举地攫取了财富、权力，毫不费力地实现了自己的雄心壮志，功成名就；有的人虽然也成功了，但却付出百倍的艰辛，成功来之不易；还有的人，他们所有的雄心、梦想和抱负，全部付诸东流，一败涂地。何以会这样呢？其原因显然不在于人的体魄，否则，那些伟人们一定是体格最健壮的人了。因此，差异必定是精神上的——人的心智。创造力全在于人的内心，人的心智构成了人与人之间的唯一差异。在人生旅途中，正是心智使我们能超越环境、战胜困难。

24 如果我们深刻理解了思想的创造力，就可以体会到它惊人的功效。如果没有适当的勤奋和专注，思想是不会独自产生这样的效果的。读者会发现，无形中有各种规律一直在控制着我们的道德世界和精神世界，如同物质世界中的万物都是严格依照明确的规律运转一样，毫厘不爽。要获得理想的结果，就必须了解并遵循这些规律。恪守规律，就会得到准确的结果。

25 思想由规律控制。思想的规律，就像数学规律、电学规律、地心引力规律一样明确。我们之所以没有显示坚强的信念，乃是因为我们对规律缺乏理解。如果我们理解了幸福、健康、成功、繁荣以及其他每一种境遇或环境都是有意识或无意识的思想的结果，我们就会认识到，掌握统治思想的规律是多么重要。

26 科学家告诉我们，我们生活在物质的世界中。其中大多数物质本身是无形的，但却时时处处对我们产生影响，作用于我们的思想和言辞，围绕在我们的身边、充斥于我们的内心。我们根据自己的所思所想主动地、有意识地利用它们，我们所想的和所说的便是在客观上显示的结果。

27　那些有意识地去实现思想力量的人往往能够享受最好的生活，将那些高等级的实物变成了他们日常生活切实有形的组成部分。这是因为他们发现了一个更高力量的世界，并持续保持这种力量不断地运转。利用这种力量使那些看上去似乎不可战胜的障碍被战胜，困难被克服，困境被改变，命运被征服，甚至连敌人也被改变成了朋友。这种力量是无穷无尽的、不受限制的，因此可以不断向前推进，从一个胜利走向另一个胜利。

28　供应是取之不尽的，需求顺应我们所希望的路线。这就是需求与供应的精神法则。

29　我们的境遇与环境多半是由我们无意识的思想创造的，因此它们常常不尽如人意。要改善我们的境遇，补救的措施首先必须改进我们自己，有意识地改变我们的精神状态，努力使自己更加适合生存的环境，我们的想法和愿望会最先显示出改进。关于这一点，没什么可奇怪的，也不是超自然的，它只不过是"存在的规律"而已。

30　不懂心智规律就如同不懂得化学品的特性和关系而操作化学品一样，都像孩子玩火一样危险。这一点放之四海

> 我们的境遇与环境多半是由我们无意识的思想创造的，因此它们常常不尽如人意。要改善我们的境遇，补救的措施首先必须改进我们自己，有意识地改变我们的精神状态。

第4课 心智：一切行动赖以产生的中心

而皆准，因为心智是产生我们生活中的所有境遇的主要根源。扎根于心智中的思想，肯定会结出其相应的果实。最伟大的谋士也不能"从荆棘上摘葡萄，从蒺藜里摘无花果"。

31　亚瑟·布里斯班说："思想及其成果包括了我们所有的成就。"精神与思想，可以比作音乐家的天才与从他的乐器中所发出的声音。乐器之于音乐家，就像人的大脑之于激发思想的精神。不管多么伟大的音乐家，其天分都要依靠乐器来表达，乐器通过振动在空气中产生声波，声波把音乐带进大脑的神经，美妙动听的音乐才能被人所感知和认同。

32　如果给帕德雷夫斯基一架五音不全的钢琴，他所演奏出的音乐也只能是嘈杂与缺乏和谐。或者给最伟大的小提琴家帕格尼尼一把走调的小提琴，哪怕他再有天赋，你听到的也只能是刺耳的、令人厌恶的声音。音乐的精神必须有正确的乐器来表达。同样，思想的精神，必须有清醒理智的头脑来表达。

33　精神与思想是等同的，正如音乐家的天才与他的音乐被人演奏时的声音也是等同的。在音乐中，声音表现并解释着音乐家的精神。这种解释及其精确性取决于乐队、小提琴或钢琴。当乐器变音走调的时候，你所听到的就不是音乐家的天才，而是曲解。同样，一颗高度发达的头脑，哪怕再聪明，如果处于混乱状态的话——比如，一个像尼采那样的有着巨大的天才和崩溃的心智的人的疯言疯语——要远比心智相对比较无力、比较简单的人更令人痛苦、更叫人厌恶。

34　由于我们始终生活在物质的世界里，我们的心智也不习惯于处理抽象的问题。虽然精神是宇宙中唯一真实的东西，而我们把大部分思想和精力都投放到那些没有生命的物体上了，以至于许多人根本就没有想到精神便浑浑噩噩地在这个世界上走了一遭。大多数人都仅仅只能表达真正精神生活的最轻微、最微弱的反映，到目前为止很少有和谐。只有不断完善人类的大脑，普遍适应的理念才会清晰地表达出来，然后，这颗地球就会真正变得和谐，由得到清晰表达的精神所控制。

心智是产生我们生活中的所有境遇的主要根源。扎根于心智中的思想，肯定会结出其相应的果实。

35 想想尼亚加拉瀑布吧，不停运转的大型机械，被点亮的城市，灯火通明的大街，疾速行驶的汽车，表面上看似乎全都可以同尼亚加拉瀑布所蕴藏的力量联系起来。然而事实上这些都要归功于人的思想所表达的精神。正是精神，利用了尼亚加拉瀑布作动力。正是精神，把瀑布的力量传输到了遥远的城市。认真想想精神的特性和神秘力量吧。没有比思想更振奋人心、更令人痴迷、更叫人困惑的了。

36 但是精神却是看不到摸不着的，精神既没有形状也没有重量，既没有大小也没有颜色，既没有声音也没有气味。你问一个人"精神是什么？"他必定会回答：精神什么也不是，因为它不占有空间，也不占有时间。然而我们感觉得到，精神是存在的，正是精神赋予我们生命活力，在我们跌倒时伸出手将我们扶起，在成功时鼓舞我们，在失败与不幸时安慰我们，如果没有这种精神，生命里就根本什么都没有，我们就跟地里的一块石头并无不同，跟裁缝放在店门口的人体模型没有任何区别。

第4课 心智：一切行动赖以产生的中心

37 不管承认与否，精神无处不在，精神就是一切。视神经抓住了一幅画，把它送到大脑里，精神便看见了这幅画。世界只有被我们用精神的眼睛看到的时候才存在。精神正是通过越来越高度发达的大脑所进行的思考来发挥作用，并以此来表达自己。是精神逐步把人从原先野蛮未开化的境遇带到了如今比较文明的状态。同样是精神，通过比我们现在所能想象的更为高级的大脑在未来发挥作用，从而在这个星球上建立真正的和谐。

38 不妨把精神与你所看到的物质世界跟伟大画家头脑中的天才与他所创作的作品做一下比较。米开朗琪罗所创作的每尊雕塑、每幅绘画，都已经存在于他的精神中。但精神并不满足于这样的存在。它必须把自己形象化，必须把自己展现在人们的面前。恰恰如同所有的母爱都存在于女人的精神里，但只有当母亲怀抱着自己的孩子，实实在在地看着这个有血有肉的、她所深爱、所创造的生命时，母爱才得以完整存在。精神只有被反映在物质世界中的时候，才真正有了生命。

39 最杰出的伟人，他们的成就最初也都是封存在他们的内心里，但只有当他们的精神通过大脑产生作用、通过想法表达自己，从而创造出作品的时候，他们的精神才会完全被人们所认识。正是作用于哥伦布的精神，把第一艘船带到了美洲。

40 我们知道，一切有用的工作都是合理思考的结果。思想是精神的表达，是通过多少有些缺陷的大脑来运转的。倘若我们认识到思想本身是精神的表达，那么我们就会在责任感的驱使下，竭力给予我们所能拥有的精神以最完美的表达，给予它以最好的机会，让它栖息在我们并不完美的躯体中，通过我们所拥有的并不完美的心智表达出来。

41 栖息于地球上的人类正在逐步完善自己，我们的种族在十万年前还是动物模样，有着巨大而突出的下颚，大牙齿，小额头，以及外形丑陋的躯体。千百年来，他们逐渐在改变，随着时间的推移，他们根除了自己身上残留的动物性，残忍的兽性慢慢地消失了，获得了更多的精神性。他们不断发展自己的身体，掌握必要的手段，下巴突出的脸蛋变得更饱满丰腴。下颚缩进去了，前额凸起来了，在前额的后面，逐渐发展出了最终能够对精神给出恰当而充分的表达的头脑，以便能够恰当地解释赋予自己以生命活力的精神。

> 一切有用的工作都是合理思考的结果。思想是精神的表达，是通过多少有些缺陷的大脑来运转的。

42 我们知道，我们每一个人无一例外地受到某种看不见的力量的牵引或推动，始终在一代接一代地不断改进自身。这种力量，常常是已经从人世间消失很久的力量，父亲或母亲的活力与感召常常在儿子的生命中持续存在，并不断发挥作用，使得他能够从事仅凭个人的意愿绝不可能完成的工作。认识到这一点确实是一件鼓舞人心的事。

43 这种改进要归功于父母们彼此之间的爱，以及他们对孩子的爱。它通常看不见，可能是家里树立着良好榜样的某个女人，给予那个正在干活的男人以其他任何别人都不能给予的感召和力量。它也可能是父爱，让一个男人能够替一个或许不能自理的孩子干活。

第4课 心智：一切行动赖以产生的中心

第 5 课 内在的富足引来外在财富

LESSON FIVE

1 蓝天白云、日月星辰、风霜雨雪，大自然总是慷慨的、浪费的、奢侈的。在任何被造物中，丰富都被发挥得淋漓尽致，没有哪个地方能够体现出节约。丰富，是宇宙的自然法则。这一法则的证据是确凿的，毫不费力就能列举几项：无以数计的绿树繁花、植物动物，以及创造与再创造的循环过程赖以永恒继续的庞大的繁殖系统，所有这一切都显示出了大自然为人类准备环境时的浪费。大自然为每个人准备了丰富的供应，这一点很明显；同样明显的是，许多人却从来都没有享受到大自然的这种慷慨：他们至今没有认识到一切物质的普遍性，没有认识到心智是引发动因的有效要素。而正是凭借这种运动，我们才能获得自己渴求的东西。

2 思想是借助引力法则运行的一种能量，它的最终体现，便是人们生活中的丰裕富足。丰裕富足的思想只会对类似的思想产生共鸣，人的财富与他的内在相一致。内在的富足是实现外在富足的前提，它吸引着外在财富来到你身边。生产能力是个体真正的财富之源。因此，一个人如果对他所设定的目标全力以赴，全身心投入，那么他就已经非常接近成功的彼岸了。他的

付出和收获成正比，他会不断地付出、给予。他付出的越多，收获的也就越多。

3　我们生活在自然的和社会的环境之中，并受环境的影响，如果我们想要成为环境的主人，就需要了解心智作用的相关科学法则。这样的知识是最有价值的资产，它可以逐步获得，一旦掌握就可以付诸实践。这使得我们跟环境建立起了一种全新的关系，揭示出了我们此前做梦也想不到的各种可能性，这些是通过一系列井然有序的规律而引发的，而这些规律，必然与我们新的精神姿态有着密切的关系。而控制环境的力量，就是它的果实之一；健康、和谐与繁荣，是它的资产负债表上的进项。而它所需要的代价，仅仅是收获其庞大资源时所付出的劳动。

4　力量是财富的源泉，一切财富都是力量的产物；只有当财富能够赋予力量的时候，拥有财富才是有价值的。一切事物都代表着某种形态、某种程度的力量；只有当事物能产生力量的时候，它们才是有意义的。找到开启这种力量的钥匙，发现统治这种力量、使之能服务于一切人类努力的规律，标志着人类进步的一个重要纪元。它排除了人的生命中反复无常的因素，而代之以绝对的、不可改变的普遍法则。

5　古人看到蒸汽、电流、化学亲和力与地心引力等现象时一度惊恐万状，以为是魔鬼在惩罚人类。随着科学的进步和社会的发展，人们知道了这些不过是自然界的因果规律，人们将这些规律称为"自然法则"，这一发现使得人们能够大胆、勇敢地控制着物理世界。明白了是自然法则而非什么神的旨意在起作用，就认清了迷信与智慧的分界线。

6. 自然界中还存在着一种力量，它比物理力量更加强大，这就是人类精神的力量、道德的力量和灵魂的力量。思想，是至关重要的力量，但却埋藏得很深，在最近半个世纪里才得以揭示。思想的力量刚一获得解放就显示出了惊人的效果，它所创造的世界，对于50年前（甚或25年前）的人来说是绝对不可想象的。我们精神发电厂在创始的短短50年的时间里便获得了如此喜人的成果，因此可以预见的是，在下一个50年里，将会有更大的惊喜在等着我们。

> 内在的富足是实现外在富足的前提，它吸引着外在财富来到你身边。

7. 或许会有人提出异议：如果这些法则是真的，那我们为什么不能加以论证呢？如果这些基本法则是正确的，那我们为什么没有得到正确的结果呢？其实我们正是这样做的，我们得到的结果完全符合我们理解规律、应用规律的能力。在有人总结出控制电流的规律并将结论公之于众之前，我们不懂得如何应用这些规律，也达不到预期的效果。

8. 一切力量，正如一切软弱一样，皆源于内在。一切成功，正如一切失败一样，其秘密也同样来自人的内心。一切成长都是内心的展开。万物皆然，显而易见。每一株植物，每一只动物，每一个人，都为这一伟大法则提供了活生生的证据。往昔的错误，就在于人们总是从外在世界中寻找力量或能量，却不知道这力量恰恰存在于我们的内心。

第5课 内在的富足引来外在财富

9 智慧、能量、勇气与和谐的环境，全都是力量的结果，而我们已经看到，一切力量皆来自内心；同样，每一种匮乏、局限或不利的环境，都是软弱的结果，而软弱只不过是无力而已。它来自乌有之乡，它本身什么也不是——打败软弱的制胜法宝就是开发我们内心的力量。

10 这一伟大法则遍及宇宙的各个角落，透彻理解这一法则会让我们获得开发并拓展创造性思维的心智力量，而这种创造性思维，将给我们的生活带来神奇的改变。正确利用这些机会的能力和悟性，绝好的机会将铺平你的人生之路，力量将从你的内心中涌出，乐于帮助的朋友将不请自来，环境为适应你的需要而做出改变；你会找到真正的"无价之宝"。这就是许多人变失为得、变惧为勇、变绝望为喜悦、变希望为实现的关键所在。

11 让我们看看大自然中最强大的力量是什么吧。在矿物世界里，每一样东西都是固体的、不易挥发的。在动物与植物的王国里，一切都处于变动不居、不断变化、始终被创造与再创造的状态。在大气中，我们发现了热、光与能量。当我们从有形转到无形、从粗糙转到精细、从低潜力转向高潜力的时候，各门各类都变得更加精细，更具有精神性。当我们踏进微观世界的门槛时，我们便找到了最纯粹的、最活跃的能量。

12 正如大自然中最强大的力量是看不见的无形力量一样，人身上最强大的力量也是看不见的无形力量。就在几年之内，通过触动一个按钮或撬动一根操纵杆，科学就已经把几乎取之不尽的资源置于人类的控制之下。这强大力量的根源就是无形的精神力量，而彰显精神力量的唯一方式，就是通过思考的过程。思考是精神所拥有的唯一活动，思想是思考的唯一产物，但是这唯一的产物却足以让人成为最富有者。

13　自然界的万事万物都与精神有着千丝万缕的联系。推理，乃是精神的过程；观念，乃是精神的孕育；问题，乃是精神的探照灯和逻辑学；而论辩与哲学，乃是精神的组织机体。增减盈亏，都不过是精神事务而已。

14　但凡想法，定会招致大脑、神经、肌肉等生命机体的物质反应，这就会引发机体组织结构中客观物质的改变。所以，要想使人的身体组织发生彻底的改变，需要我们做的只不过是改变自己的思维方式，针对特定主题进行思考而已。

15　思想的改变就是失败转化为成功的不二法门，勇气、力量、灵感、和谐，这些想法取代了原先的失败、绝望、匮乏、限制与嘈杂的声音，慢慢在心中生根，身体组织也随之而发生改变，个体的生命将被新的亮光所照耀，旧事已经消亡，万物焕然一新，你因此获得了新生。这是一次精神的重生，生命因而有了新的意义，生命得以重塑，充满了欢乐、信心、希望与活力。你将看到成功的曙光，而此前你一直是在黑暗中横冲直撞。你将发现新的机遇，你的头脑中充满了成功的想法，并辐射到你周围的人，他们受你精神的感染会帮助你前进与攀升。他们会和你并肩作战，成为你通向成功的合作伙伴。与此同时，你所处的外部环境也会发生改变。所以，就是

> 思考是精神所拥有的唯一活动，思想是思考的唯一产物。

通过这样简单地发挥思想的作用，你不仅改变了自身，同时也改变了你的环境、际遇和外部条件，使一切为迎接成功做好准备。

16　不管你意识到与否，我们正处在崭新一天的破晓时分。即将到来的各种可能，是如此美妙神奇，如此令人痴醉，如此广阔无边，这样的情景几乎令你目眩神迷。一个世纪以前，不要说有飞机了，一个人哪怕只有一挺格林机关枪，也足以歼灭整整一支用当时的武器装备起来的大军。现在，只要有人认识到了思想的重要性，那么他就像拥有机关枪的威力一样获得了难以想象的优势，从而卓冠群伦，傲视苍生，成为万人景仰的领袖。

17　心智是富有创造性的魔术师，而引力法则就是它的神奇的魔力棒。每个个体都有充分的自主权，都有权自己做出选择，任何人都无权也不应该进行干涉。然而有人却执意破坏这一规则，用强力法则去与引力法则相抗衡，就其本性而言这是破坏性的，跟引力法则针锋相对。使用强力，比如地震和灾变，只不过是破坏和灾难，除了废墟之外，不会实现什么好的结果。要想成功，就必须始终把注意力放在创造性的层面上，而不是破坏的层面上。

18　心智不仅仅是创造者，而且是唯一的创造者。毫无疑问，对于任何事物，我们只有充分地认识它们，了解它们的特性，才能有效地利用它们。"电"这样东西亘古以来一直存在着，只不过是100年前才走入人们的视线。当有人发现了电的规律，并使之服务于人以后，我们才从中受益。如今，人们了解了电的规律，全世界都被电所照亮。"富裕规律"也是如此，只有那些认识它、遵循它的人，才能分享它所带来的好处。

19 富裕的获得，正是依赖于对"富裕规律"的认知。它一定不能是竞争性的，不是靠掠夺他人来满足自己。你应该为自己创造所需要的东西，而不是从任何别人那里拿走任何东西。大自然为所有人提供了丰富的供应，大自然的财富仓库是无穷无尽的，如果有某个地方看上去似乎缺乏供应，那仅仅是因为通道尚有缺陷。

> 要想成功，就必须始终把注意力放在创造性的层面上，而不是破坏的层面上。

20 人们对富裕规律的认知激发和体现了人类的精神品质和道德品质，其中就包括勇气、忠诚、机敏、睿智、个性与建设性。这些全都是思想的倾向，而所有思想都是创造性的，它们存在于与精神环境相一致的客观环境中。每一个想法都是因，而每一种境遇都是果。这是符合因果规律的，因为个体的思维能力是产生"普遍适应的理念"这个结果的诱因。

21 在人类看上去柔弱无比的身躯内，蕴藏着很多不可思议的可能性。其中有一种可能性，就是通过机遇的创造与再创造来掌控自己的境遇。创造这种机遇的主要力量来自于思想，思想导致了对决定未来事件的力量的认知。正是这种内在的心智将成功变成现实，这种对内在力量的认知，组成了能够做出相应的和谐行动，这种力量在我们与我们所寻求的对象和目标之间搭建了桥梁，使我们通向理想的彼岸。这就是行动中的引力法则，这一法则，是所有人的共同财产，任何一个对其运转拥有足够知识的人都可以加以运用。

第5课 内在的富足引来外在财富

22　勇气是人类与生俱来的一种庄严而高贵的情操，就是对精神冲突的热爱中所彰显出来的心智力量；无论是像将军般发号施令，还是同士兵一样服从执行，二者都需要勇气。但在大多数情况下勇气都是潜藏着的，不露锋芒。真正的勇气，是冷静、沉着和镇定，绝不是有勇无谋、争强好胜、脾气暴躁或好辩喜讼。有一些并不起眼的人，表面上总是只做能让别人高兴的事，但是，当时机出现的时候，潜藏的东西就会显露出来，我们惊奇地在柔软的手套下发现了铁腕。

23　积累，是把我们收获的东西储备和保存下来的能力，这样我们就能够利用更大的机会。而一旦我们做好了准备，成功的机会就会出现。所有成功的商人都有这样的品质，而且得到了很好的发展。詹姆斯·J. 希尔留下了超过5200万美元的财产，他说："如果你想知道自己在生活中是注定成功还是注定失败，你可以轻而易举地得到答案。测试方法简单易行，准确无误：你能存钱么？如果答案是肯定的，那么你就具备了成功的一项重要素质；反之，你就注定会失败，因为成功的种子不在你的身上。你或许会想：这不可能。但是事实会向你证明，缺少积累的能力，成功就像海市蜃楼一样可望而不可即。"

24　读过詹姆斯·J. 希尔的传记的人都知道，他是通过下面的方法才挣到他的5000万美元的。首先，他从一张白纸开始，充分开发和利用自己的想象力，把他打算穿越西部大草原的庞大铁路计划予以具体化。此外，富裕的规律十分重要，这个规律能为他实现这一计划提供方法和手段。不过起决定作用的还是执行这一环，如果只限于纸上谈兵，詹姆斯·J. 希尔绝不会有任何东西积存下来。

25　愿望是积累的动力，二者相互促进：你积累得越多，你的愿望就越多；你的愿望越多，你积累得就越多。就这样，只需要很短的时间，作用与反作用就获得了不可阻止的动力。然而，千万不要把积累跟自私、贪婪或吝啬混为一谈；这些全都是旁门左道，它会把你引入歧途，会让真正的进步成为泡影。

> 富裕的获得，正是依赖于对"富裕规律"的认知。你应该为自己创造所需要的东西，而不是从任何别人那里拿走任何东西。

26 构建，是心智的创造性本能。在商业界，它通常被称作"创新精神"。创新精神表现在构建、设计、规划、发明、发现和改进中。创新精神是最有价值的品质，必须不断得到鼓励和发展。每一个成功的商人都必定有计划、发展或构建的能力。沿着别人的老路走是远远不够的，必须发展新的观念，新的做事方式。每一个个体在某种程度上都拥有创新精神，因为在那无限而永恒的能量中，他是一个意识中心，而万物皆源于这种能量。

27 水可以呈现出三种不同的形态：固态、液态和气态，但它们全都是同一种化合物，唯一不同的是温度。但谁也不会试图用冰去驱动引擎，把它变成蒸汽，它就很容易承担这个任务。你的能量也是如此，如果你想作用于创造性层面，你首先就要用想象的火焰把冰融化，你的能量之火越猛烈，融化的冰就越多，你的思想就变得越有力，而你实现自己的愿望也就越容易。

28 睿智，就是感知自然法则并与之协作的能力。真正的睿智可以毫不费力地避开欺诈与瞒骗的陷阱；它是深刻洞察力的产物，而这样的洞察力，让你能够深入事物的核

第5课 内在的富足引来外在财富

心，洞悉创造成功条件的内在规律。

29. 机敏跟直觉颇为类似，是商业成功中的一个非常微妙、同时也非常重要的因素。要想拥有机敏，你必须有精细的感觉，必须有明确知道该说什么、做什么的直觉。要想拥有机敏，你必须拥有同情心和理解力。拥有非凡的理解力至关重要，因为所有人都能看、听、感觉，但真正能够"理解"的人却少得可怜。机敏是预知即将发生的事情的晴雨表，并能精确计算行动的后果。机敏让我们保持身体上、精神上和道德上的纯洁，因为在今天，这些都是成功所必须具备的素质。

30. 忠诚，是把有力量、有品格的人联结在一起的最强大的纽带。任何人扯断这样的纽带都将受到严厉的惩罚。宁愿断臂也不肯卖友的人，朋友决不会舍他而去。那些默默地坚守忠诚，甚至付出生命的代价也在所不惜的人，除了获得准许进入信任与友谊的神殿之外，体内还会注入一股令人羡慕的宇宙力量，而只有这种力量才能吸引值得渴望的境遇。

31. 个性，是展开我们所拥有的潜在可能性的力量，要特立独行，要关注比赛的过程而不是比赛的结果。强者对那些自鸣得意地跑在自己身后的大批模仿者毫不在乎。他们不会仅仅满足于成为一大群人的领导，或者得到乌合之众的欢呼喝彩。这些只能取悦于胸襟狭小之辈。有个性的人更自豪于内在力量的开掘，而不是弱者的奴颜婢膝。个性是真正的内在力量，这一力量的发展及其作为结果的表达，使一个人能够承担起指引自己前进步伐的责任，而不是跟在某个我行我素的领头人之后亦步亦趋。

32 灵感，是海纳百川的吸收艺术，是自我认识的艺术，是调整个体心智以适应普遍理念的艺术，是给万力之源加上输出装置的艺术，是区分无形与有形的艺术，是成为无穷智慧流动渠道的艺术，是使完美形象化的艺术，是认识全能力量的艺术。

33 真诚，是一切幸福的必要条件。可以肯定，认识真诚，并自信地坚持真诚，是一种满足，并且是其他任何东西都难以媲美的境界。真诚是最根本的真实，是所有成功的商业关系或社会关系的先决条件。不管是出于无知还是故意，每一次跟真诚相左的行为，都会削弱我们立足的根基，导致不和谐，以及不可避免的失败与混乱。因为，每一次正确的行动，连最卑微的心智也能准确地预知它的结果；而如果违反正确的原则，对于其所带来的结果，就连最伟大、最深刻、最敏锐的心智，也会晕头转向，迷失方向。

> 在内心中确立真正成功的必备因素的人，也就确立了自信，奠定了胜利的基础，有了这些保障，就不会与成功失之交臂。

34 上述这些因素就是通向成功的阶梯，那些在内心中确立了真正成功的必备因素的人，也就确立了自信，奠定了胜利的基础，有了这些保障，就不会与成功失之交臂。

35 在我们的精神过程中，有意识的不到百分之十；另外百分之九十都是下意识的和无意识的。所以，仅仅依靠有意识的思想来产生结果的人，其有效性也不到百分之十。重大的真实，正是隐藏在下意识心智的辽阔领地里，也正是在这里，思想找到了它的创造性力量，它的与目标相联系的力量，使无形的力量变成有形的力量。而那些成功的伟人，都是找到开启更大的精神财富仓库的金钥匙的人。

36 如同水往低处流一样，电流必定总是从高潜能流向低潜能，熟悉电学规律的人都懂得这样的原理，因此能够让这种力量为自己所用。那些不熟悉这一规律的人，便无法驾驭这一强大的工具。统治精神世界的规律也是如此。有的人懂得心智渗透万物，无所不在，反应迅速；他们能够利用这一规律，控制条件、境况与环境。对此一无所知的人就没法利用它，只能临渊羡鱼罢了。

37 这种知识所带来的结果，原本就是上帝的恩赐；正是这一"真理"让人解除了束缚，不仅是免于匮乏和局限，而且还免于悲痛、烦恼和忧虑。而且，这一法则并不因人而异，不管你过去的思维习惯如何、你曾走过的路怎样，它都会一视同仁，毫无歧视。

38 冥冥之中，我们总感觉到一股强大的力量在牵引着我们，我们自觉不自觉地在追随着它，这就是精神的力量。精神的力量控制并引导着已经存在的每一种其他力量，它可以培养、可以发展，没有任何限制能够置于它的活动之上。精神力量是世界上最伟大的事实，是治疗一切疾病的灵丹妙药，是解决一切困难的不二法门，是满足一切愿望的必由之路；事实上，它就是造物主为人类的解放而准备的慷慨供应。

心想事成

我坚信，心想事成，
想法被赋予了躯体、呼吸和翅膀；
我们放飞自己的想法，让它们
用结果去填充世界，或好或坏。
我们召唤我们隐秘的想法，
让它飞向地球上最遥远的地方，
一路留下它的祝福，或者哀伤，
就像它身后留下的足迹一行行。

我们构建自己的未来，
一个想法接一个想法，
我们并不知道，结果是好还是坏。
然而，宇宙就是这样形成的。
想法，是命运的另一个名字；
选择吧，然后等待命运的安排，
因为恨会产生恨，爱会带来爱。

——亨利·范·代克

第 6 课 成功需要一种追求成功的动机

LESSON SIX

1 人体内的两大系统——脑脊髓神经系统与交感神经系统，分享着类似的神经能量控制系统，脑脊髓神经系统的器官是大脑，交感神经系统的器官是腹腔神经丛。前者是自觉的或有意识的，后者是不自觉的或下意识的。这两个系统互相交织，对任何一个系统的刺激都会传递给对方。

2 从功能上看，可以把神经系统比作电报系统；神经元对应电池，神经纤维对应电报线路。电池里产生的是电。然而，神经元却并不产生神经能量。它们转化能量，神经纤维则输送能量。身体的每一次活动，神经系统的每一下刺激，我们的每一个想法，都要消耗神经能量。这种能量并不是像电流、光或声音那样的物理波，它们是"心智"。

3 我们以脑脊髓神经系统和大脑为媒介才意识到了自己所拥有的，因此，一切拥有皆源于意识。这种精神环境——意识——随着我们所获取知识的增加而不断改善。知识是通过观察、经验和反思而获得的。而小孩子的未曾发育的意识，或者是傻瓜与生俱来的意识，都不能算是真正的意识。

4 拥有是建立在意识的基础之上的，我们把这种意识叫作"内在世界"。我们所获得的那些有形的拥有，则属于"外部世界"。拥有内在世界的就是心智。让我们能够在外部世界获得拥有的，也是心智。心智通过思想、精神图景和行动来彰显自己。每一种成功的商业关系或社会地位，奠定其基础的基本原则，都是要认识到内在世界与外在世界的差别，客观世界与主观世界的差别。

5 神经系统是主人，它是通过心智来执行自己的权力的。因此心智是宇宙精神实现的手段，它是物质与精神之间的纽带，是我们的意识与"宇宙意识"之间的纽带。心智是"无穷力量"的门户。神经系统跟心智的关系，就像钢琴跟它的演奏者的关系一样。心智，只有当它赖以发挥作用的工具恰当就绪，它才能有完美的表达。

6 思想是天生的喜新厌旧者，它是富有创造性的，总是不断地创新。我们利用思想去创造条件、环境及其他生活经历的能力，取决于我们的思维习惯。我们做什么，取决于我们是什么；而我们是什么，则取决于我们习惯性地想什么。因此，我们必须控制并引导内在的思考力量，使它更高效地运转。

7 浩瀚的宇宙看起来纷繁复杂，归根结底却只有两样东西：力量与形态。思想就是力量，当我们认识到自己拥有这种"创造力"，还能控制和引导它并通过它作用于客观世界的力量与形态的时候，我们也就完成了精神化学中的第一项实验。

8 普遍适应的理念是无所不知、无所不能、无所不在的。普遍适应的理念是一切力量、一切形态之源，是作为万物之基础的"本体"。与固定的规律相一致，"万物"源于自身，并被自身所创造和维持。这就是得到完美表达的创造性的思想力量。在它出现的每一个地方，它本质上都是一样的，所有心智都是同一个心智，这解释了宇宙的秩序与和谐。深刻领悟这一道理，生活中所有问题就都迎刃而解了。

> 我们做什么，取决于我们是什么；而我们是什么，则取决于我们习惯性地想什么。因此，我们必须控制并引导内在的思考力量，使它更高效地运转。

9 普遍适应的理念在我们身上得到充分的体现，因此，在我们的内心，有着无限的力量、无限的可能，它们全都受到我们自己的思想的控制。因为我们拥有这些力量，因为我们与普遍适应的理念息息相通，所以我们有能力把逆境变为顺境，把歧途变为坦途。

10 没有任何限制能够约束普遍适应的理念，因此，我们对自己跟普遍适应的理念合而为一这一点认识得越充分，我们所意识到的限制或匮乏就越少，所意识到的力量就越多。

11 不管是出现在宏观世界，还是出现在微观世界，普遍适应的理念都是一样的，其相应彰显出来的力量的不同，是由不同的表达能力决定的。一块黏土和一块相同重量的炸药，包含了同样多的能量。但后者身上的能量很容易被释放，而前者身上的能量，我们至今尚没有学会如何释放它。

12 人类的心智有两件外衣——显意识的（或客观的）与潜意识的（或主观的）。我们一面通过客观心智与外部世界建立联系，一面通过主观心智与内在世界建立联系，二者缺一不可。在精神生活的所有层面上，心智都呈现出不可分割的统一与完整。虽然我们努力地想把显意识心智与潜意识心智区别开来，但只不过徒劳无功，因为这种区分事实上并不存在，这样处理只不过是为了方便而已。

13　潜意识心智是联系我们与普遍适应的理念的纽带，我们通过潜意识跟所有力量建立起了直接的关系。潜意识是一个记忆的仓库，它储存了我们通过显意识心智所得到的对生活的观察和体验。潜意识心智是培育思想的巨大温床，无论是有意栽花还是无心插柳，潜意识都为这些种子提供养料。然后，思想开花结果后又带着自己成长的果实再一次作用于我们的意识。意识是内在的，而思想则是力量的外在表达。二者是不可分割的，没有脱离思想的意识，意识始终是以思想为前提的。

14　凭借思想的力量，我们把水变为蒸汽让它承载重负，让商品流通世界。我们已经捕获了闪电，并将它命名为"电流"。我们已经驯服了江河，并让无情的洪水成为我们的奴仆。我们创造了流动的宫殿，它们在深谷中开辟出坦途。我们胜利地征服了空气。尽管我们依然停泊在银河里的银色群岛之中，但我们已经征服了时空。

15　如果两根电线靠得很近，而且第一根电线携带的电负荷比第二根电线更大，那么，第二根电线就会通过感应而从第一根电线接受部分电流。这一现象可以用来形象地说明人类对普遍适应的理念的姿态。他们并没有有意识地跟这一力量之源建立起联系，但是潜意识中却已经受到了影响。

16 如果让第二根电线接触第一根电线，它就会尽其所能地负载更多的电流。当我们意识到力量的时候，我们就成了一根"生命的电线"，因为意识让我们跟力量之间建立起了联系。随着我们利用力量的能力的增长，我们应对生活中的各种境遇的能力也在增强。

> 正确思考的重要性远远超出了你的想象。
>
> 建设性的思想会在潜意识中创造出一些倾向，这些倾向又把自己彰显为性格。

17 外在的生活条件和环境条件，只不过是我们的主导思想的反映。我们通过意识领会、思想彰显所渴望的条件。为了表达，我们必须在我们的意识里创造相应的条件。要么是悄无声息地，要么是通过重复，我们把这一条件印刻在潜意识里。所以，正确思考的重要性远远超出了你的想象。视而不见，充耳不闻，都让我们不能去理解。换句话说：没有意识，就无法去理解。

18 建设性的思想会在潜意识中创造出一些倾向，这些倾向又把自己彰显为性格。对于性格这个名词，最通俗的解释是：由天性或习惯在一个人身上留下的特殊品质，它把一个拥有这种性格的人跟所有其他人区别开来。性格有外向表达和内向表达。内向表达是意图，外向表达是能力，二者分担着性格的作用。根据引力法则，我们的经历取决于我们的精神姿态。物以类聚。精神姿态是性格的结果，而性格也同样是精神姿态的结果，二者互为作用与反作用。

19 意图赋予思想以品质，把心智引向要实现的理想，要完成的目标，或者要实现的愿望。意图和能力，决定了我

第6课 成功需要一种追求成功的动机

们的生活经历。能力，就是不知不觉地与全能力量协作的能力。值得我们注意的是，意图和能力必须保持平衡：当意图大于能力时，脱离实际的"梦想家"就诞生了；当能力大于意图的时候，结果就是急躁，会产生很多徒劳无益的行动。

20　从表面上看，似乎是"机遇""厄运""幸运"与"天命"等因素在盲目地指挥着我们的每一次经历。事实并不是这样，每次经历都由永恒不变的规律所控制。当我们发现规律并利用规律时，我们就把命运的指挥棒拿在自己手中了。

21　物质往往是通过它的一定的外观展示自己的，我们把这种外观称之为"形态"。由物质所组成的形态都是具体的、可见的、有形的。宇宙中的形态可以分为几个等级类别：始终保持唯一形态的形态，或无机形态，比如铁、大理石等等；有生命的形态，或有机形态，它有感觉，可以随意运动，比如动物；还有一种形态，除了上述特征之外，还能意识到自己的存在以及自己拥有的东西，那就是我们独一无二的人类。

22　外部世界以个体的人为中心旋转，有组织的生命、思想、声音、光及其他振动，以及包罗万象的宇宙本身，都向我们发出振动，光、声音与触觉的振动，喧嚣与柔和的振动，爱与恨的振动，思想的振动，好与坏的振动，智与不智的振动，真与不真的振动。这些振动都指个体的人，无论是外在的还是内在的，也不管是显意识还是潜意识。它们很少能抵达你的内心世界，大多都匆匆而过，蓦然回首，踪迹已杳。

23　尽管有些振动对我们的健康、力量、成功、幸福是极其有益的，我们却无法抓住它们，没把它们接收进内在世界里。内在世界很敏感，这是一种捕捉外部世界的振动并把它们传送到内在世界的能力。敏感性，是意识的形态表现。

24 如果把意识界定为一个通用的概念，那么意识就是外部世界作用于内在世界的结果。不管我们是清醒还是酣睡，意识都是感觉或知觉的结果。如此我们很容易认识到意识的三个层面，它们互相之间存在着巨大的差异。

> 意图和能力必须保持平衡的：当意图大于能力时，脱离实际的"梦想家"就诞生了；当能力大于意图的时候，结果就是急躁，会产生很多徒劳无益的行动。

25 首先是"简单意识"，这是所有动物共同拥有的。它就是存在感，通过这种意识，我们认识到"我是谁"，以及"我在什么地方"；通过这种意识，我们感知形形色色的对象，以及五花八门的场景和状况。这属于意识的低级形态。

26 其次是"自我意识"，这是所有人类（除了婴儿及智力残障者）共同拥有的。它赋予了我们自省的能力，亦即外部世界对我们内部世界所发挥的作用。作为人类思想交流工具的语言就是自省的结果，每个单词都是代表一种思想或观念的符号，都能传达特定的信息。

27 最后是"宇宙意识"，这是意识的最高层次。它超越了时空的概念，它也不受自身和物质世界的限制。宇宙意识是意识的最高形态，它同前两种意识有着根本的区别，就像视觉不同于听觉或触觉一样。宇宙意识跟前两者都不一样，其差别甚至超过视觉与听觉的差别。一个

第6课 成功需要一种追求成功的动机

盲人不可能对色彩有什么真正的概念，然而，他的听觉却很敏锐，或者触觉很敏感。但是一个人既不能凭借简单意识也不能凭借自我意识得到关于宇宙意识的任何概念。

28　不可改变的意识法则是：意识发展到了什么样的程度，主观力量也就发展到了什么样的程度，其结果彰显在客观对象中。

29　直觉是把真理作为意识的事实呈现出来的普遍适应的理念的另外一种状态。心智通过直觉认识真理，把知识转变为智慧，把经验转变为成功，并把外部世界的事物带入我们的内在世界，并且能够立即判定两种想法之间是否一致。

自我承诺

要坚强到没有任何东西能扰乱你内心的平静。

要对你遇到的每个人谈论健康、幸福和成功。

要让你所有的朋友都感觉到：他们是有价值的。

要对每件事情都抱乐观态度，并让你的乐观变成现实。

只想最好的，只为最好的结果而努力，只期待最好的。

对别人的成功要像对自己的成功一样充满热情。

忘掉过去的失误，去追求未来更大的成功。

要一直面带笑容，时刻准备对你遇到的任何活物微笑。

要拿出足够多的时间来改进自己，使得你没有时间去批评别人。

要大度得没有忧愁，要高贵得没有愤怒，要强大得没有恐惧，要快乐得不允许烦恼存在。

要相信自己很棒，并向世界宣布这个事实——不是用响亮的言辞，而是用伟大的行为。

要活在这样的信念里：只要你真的相信自己是最棒的，全世界都会站在你一边。

——克里森·D.拉

第 7 课 互惠使财富得到增长

LESSON SEVEN

1　墨西哥所丢掉的所有矿藏，从印度群岛驶出的所有大商船，所有满载金银的传说中的西班牙财宝船队，跟现代商业理念每8小时所创造的财富比起来，还不如一个乞丐得到的施舍有价值。

2　金字塔的基座又大又稳固，但是高高在上的塔尖不过仅仅能站一只鸟，然而它还是吸引了所有人的目光。世界上80%的财富掌握在20%的人的手里。世界就是这么不公平，贫富的差距还在扩大，财富正在向更少数的精英分子集中。美国的进步要归功于它2%的人口。换句话说，美国所有的铁路，所有的电话，所有的汽车，所有的图书馆，所有的报纸，以及数不清的其他便利、舒适和必需品，都要归功于其2%的人的创造天才，美国的百万富翁也是这些人。

3　谁是站在金字塔尖的人，谁是世界的主宰，谁能拥有财富呢？我们从文明中所享受到的所有好处，又要归功于谁？当然是那些创造性天才，那些有能力、有活力的人。不要以为他们是衔着金汤勺出生，靠继承获得了财富。这些精英当中有30%是穷

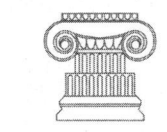

牧师的儿子，他们的父亲每年挣的钱绝不会超过1,500美元；25%是教师、医生与乡村律师的儿子；只有5%是银行家的儿子。

4　那么，究竟是什么原因使他们和普通人之间产生了如此大的差距，为什么那2%的人成功地获得了生活中最好的一切，而剩下98%的人却依然挣扎在温饱线上？可以肯定的是，这并不是机遇的问题，因为正如我们所知道的那样，宇宙是由规律控制的。规律控制着太阳系的所有行星以及太阳系之外的整个宇宙。规律控制着每一种形态的光、热、声音和能量。规律控制着物质的东西和非物质的思想。规律给地球蒙上了迷人的面纱，让它充满了慷慨的施舍。它不只是对某一部分人慷慨，任何人都可以从它那里得到丰富的赠予。

5　金钱财富，恰如健康、成长、和谐及其他任何生活条件一样必然、一样肯定、一样明确地受到规律的控制，这个规律是任何人都必须遵从的。许多人已经在不知不觉中遵从了这个规律，而另一些人则试图更加充分合理地利用这一规律。

6　如果不想被历史的车轮落在后面，如果想成为那个2%中的一员，你就必然要服从这一规律；事实上，新纪元，黄金时代，产业解放，都意味着那个2%将要扩张，直至优势状况逆转过来——2%很快会变成98%。

7　人类不再是提线木偶，被动地受自然和命运的摆布，人已经变得十分强大，可以不费力气地控制劫数、命运和运气，就像船长控制他的船、火车司机控制他的火车一样容易。

8　万物最终都可以分解为同样的元素，并且可以相互转化。由此可以看出事物之间的关系是互为关联，而不是彼此对立。

9　一切事物都有颜色、形状、大小、两端。有北极，也有南极；有内，也有外；有肉眼能够看到的，也有看不到的。所有这些，表面上似乎是对立，其实都不过是对这些对立面的一种表达方式而已。同一件事物的两个不同的方面也有它们各自的名称。然而，这正反两面是相互关联的，它们不是独立的实体，而是事物整体的两个部分或两个方面。

> 金钱财富，恰如健康、成长、和谐及其他任何生活条件一样必然、一样肯定、一样明确地受到规律的控制，这个规律是任何人都必须遵从的。

10　这一规律的身影同样也出现在我们的精神世界中，当我们说到"知识"和"无知"的时候，也不是强调它们的对立性，无知不过就是知识的匮乏，因而仅仅是表达"缺少知识"的一个词而已，其本身并没有任何准则。

11　"善"与"恶"是我们最常谈论的道德世界的核心词汇，"善"是有意义的，是可以触摸感知的，而"恶"不过是一种反面的状态，是"善"的缺席。尽管有时候"恶"也是一种非常真实的存在，但它没有法则可循，没有生命，没有活力。我们知道这是因为它总是被"善"所摧毁。恰如真理摧毁谬误、光明赶走黑暗一样，当"善"出现的时候，"恶"就会自动让路。因此在道德世界中只有一个法则，就是善的法则。

第7课 互惠使财富得到增长

12　在产业的世界里，我们总是说到"劳动"与"资本"这一对词语，就好像存在两个截然不同的类别似的。但是，资本是财富，而财富是劳动的产物。因此我们发现，在产业的世界里也只有一个法则，这就是劳动的法则，或产业法则。

13　正如上个世纪末世界倡导竞争一样，这个世纪则是在人对和谐的呼唤声中开始的。人们越来越清楚地认识到，和谐是一种隐约出现的新观念，但是它的现身却预示着新时代的黎明即将到来，人类历史上的新纪元将要来临；这样的思想正迅速在人们的心里传播，正在改变着人与产业之间的关系。

14　因果相循，每一个原因都会产生相应的结果，每一种境遇都是某个原因的结果，同样的原因总是产生同样的结果。那么，是什么给人类的思想带来了类似的变化呢——比如：文艺复兴、宗教改革和产业革命？始终是新知识的发现与讨论。类似的事件似乎总在各个时代重复地出现，这一点我们不得不注意。

15　仔细研究人类进步的历程，我们发现：产业集中化为公司和企业托拉斯，从而消除了竞争，以及随之而来的经济后果，这使得人们开始思考。因为竞争是进步的动力，而产业世界里所发生的这一进展，其后果又会是什么呢，进步会不会也随之停止了呢？由此引发的思想开始逐步呈现出来，它正迅速发芽，在所有地方所有人的心智中喷发，把每一种自私的观念排挤出去，这种思想认为：产业世界的解放即将到来。

16　正是这种思想，在唤起人类前所未有的狂热；正是这种思想，集中了力与能量，它将一脚踢开所有阻挡它前进的绊脚石，现在几乎没有什么力量能使它停止或后退了。

17　创造的本能在我们每个个体身上都有生动的体现，人类生来就喜欢打破常规，不爱循规蹈矩，创造是人类的精神天性；普遍创造原则已经与我们的日常生活结合为一体。因此人类的创造活动是本能的、与生俱来的；它不能被根除，只会被盲目地滥用。如果这一伟大的力量被滥用了，被转变为破坏性的通道，变成了嫉妒，这使他总是企图毁灭那些依然拥有创造权力的同伴的劳动成果，如此就陷入了可怕的恶性循环。

> 思想是行动的领导，行动要听从思想的指挥。如果我们希望改变行动的特性，我们就必须改变思想，而改变思想的唯一方式，就是用新的精神替换旧的过时的精神，用健康的精神姿态取代现有的混乱的精神状况。

18　由于产业世界中所发生的变化，这种创造本能就失去了生命的活力，往日的威风不再。一个人再也不能建造自己的房子，再也不能修造自己的花园，也不指挥自己的劳动；他因此被剥夺了个体所能获得的最大的快乐——创造的快乐、成就的快乐。

19　思想是行动的领导，行动要听从思想的指挥。如果我们希望改变行动的特性，我们就必须改变思想，而改变思想的唯一方式，就是用新的精神替换旧的过时的精神，用健康的精神姿态取代现有的混乱的精神状况。

20　思想的力量虽然产生于人类娇嫩的大脑中，但它却是迄今为止现存的最强大力量，它甚至可以无坚不摧，战无不胜；它使其他所有的力量臣服于自己，按自己的意愿

第7课　互惠使财富得到增长

去运行。拥有了思想的力量就等于拥有了一个取之不尽、用之不竭的宝库的钥匙。而这一知识直到最近才被少数人所拥有，它将成为这些人在人群中脱颖而出的宝贵优势。那些富有想象力、富有远见的人将会把这一思想引向建设性的、创造性的通道；他们会鼓励、培养冒险的精神；他们会唤醒、发展、引导创造性本能。在这样的情形下，世界此前从未经历过的产业复兴将在不久的将来展示于世人的面前。

21　亨利·福特在《迪尔波恩独立报》中形象地描绘了新时代的临近。他说："人类如今正处于两个时期的分界线上，一个是'使用便是失去'的时期，另一个是'不用便是浪费'的时期。人类已经意识到：无须承担责任的童年时代已经永远地结束了，人类之父也不再无私地提供慷慨的给养。这使人们产生这样一种感觉：我们使用的越多，留下的就越少。有一句谚语表达的就是这种感觉：'你不能吃掉蛋糕同时又拥有它。'两全其美的事情很少发生。"

22　在环境的考验和锻炼下，人们变得越来越智慧与现实，人们已经有了足够的知识，懂得栽种与收割，学会了自给自足，懂得用不断再生的农作物做自己的补给，而不是缓慢消耗天然资源的原始储藏。这样一个时代在不知不觉中已经到来：我们并不担心因为使用我们的资源而造成浪费，而是担心因为不使用而造成浪费。供应流是如此丰富而持续，使人们烦恼的不是"拥有不够"，真正使人烦恼的恰恰是"使用不够"。

23　你可以运用丰富的想象力在头脑中为我们所处的世界画这样一幅画：在其中，供应是如此丰富，日夜困扰人们的心病不是用得太多而是用得不够。这不仅仅是一幅画，这是很快就会出现的现实。亘古以来，人类一直依赖于大自然在很久之前储存起来的资源维持自己的生存和发展，这些资源虽然丰富但是终究有耗尽的一天。而如今，这一令人担忧的情况改变了，因为人类找到了解决困难的方法。人类有能力创造出这样的资源：它们能够不断再生，以至于唯一的损失就是不使用它们。有如此丰富的热、光与力的供应，我们如果不充分加以利用就是一种浪费，一种罪过。这个时代如今正在到来，它的脚步声已经很近了。

> 当我们思考的时候，我们便启动了一系列的"因"；而当我们想法发布出来，并与其他类似的想法汇合在一起，形成了观念，这便是"果"。

24　燃料问题解决了，光的问题解决了，热的问题解决了，力的问题解决了，就这些方面而言，实际上就是把整个世界从这四种千钧重负下解放了出来。整个人类也似乎卸下了背负多年的重担，松了一口气，好像一个新的春天已经为人类而降临。但是又出现了另一个问题：燃料、光、热与力的整体状况得到了如此大的改观，人们如何防止浪费而对这一切加以充分利用。

25　我们的下一个时期就在我们的面前，这是毫无疑义的。我们正在接近的时代不是鲁莽浪费的第一个时期，也不是精打细算的第二个时期，而是丰富充裕的第三个时期，它迫使我们利用、利用、再利用，以实现我们的每一种需求。当然，照例会有"自私自利"与"服务他人"之间的最初冲突，但"服务他人"会处于绝对的上风。个人地产上的煤矿，其所有权很容易得到承认，但江河的所有权呢？大自然自身就会叱责那个声称对一条江河拥有所有权的人。

26　心智是精神的活动，想法是运转中的心智，是人类内在心智的外部表现形式；心智是精神上的人所拥有的唯一活动，而这唯一的活动却足以承担宇宙的创造性法则的全部职责。

27　当我们思考的时候，我们便启动了一系列的"因"；而当我们的想法发布出来，并与其他类似的想法汇合在一起，形成了观念，这便是"果"。如今，观念独立于思考者而存在，它们是看不见的种子，存在于每一个地方，发芽生长，开花结果，带来千百倍的收获。

28　从古到今，各行各业的人都追逐财富。"财富"是某种非常具体、非常切实的东西，我们可以获得它、拥有它，为我们所专用、所独享。不知何故，我们忘记了：世界上所有的黄金，按人均计算，每人只有很少的几个美元。如果我们完全依赖于黄金的供应，一天的时间就可以把它耗尽。如果以此为基础，我们就可以每天花掉成千上万、数以百万，甚至是数亿美元，而最初的黄金供应并没有改变。

29　其实黄金和一根刻度尺一样，无外乎是一个量度标准，一个准则；有了一根尺子，我们就可以度量成千上万英尺；同样，有了一张5美元的钞票，数以亿计的人就可以使用它，办法只不过是从一个人手里传到另一个人手里。

30　因此，我们只要用一件物品作为财富的符号代替黄金保持流通，每个人就能拥有他所想要的一切；任何需要都会得到满足。如此一来，匮乏的感觉就会离我们远去，不再对我们产生任何负面的影响。

31　很明显，我们要想从财富中得到什么好处，唯一的办法就是使用它，让它处于流通状态中，这样其他人就会从中受益；然后，我们为了互惠互利而互相合作，将富裕的法则逐步推广。

32　许多人以为把金钱紧紧地抓在手里就是拥有了财富，这是过时的、典型的守财奴的思想。其实获得财富的唯一方式就是让它保持流转；而一旦有任何协同行动使得这一交易媒介的流通有阻断的危险的话，那么就会出现停滞、后退，甚至产业的死亡。

33　财富是一个狡猾的精灵，它很难被抓住，更难以安于一处，财富的这种不可捉摸的特性，使得它特别容易受到思想力量的影响，使得许多人能够在一两年的时间里获得其他人努力一辈子也无法获得的财富。归根结底，这还要归功于心智的创造性力量。

> 财富是一个狡猾的精灵，它很难被抓住，更难以安于一处，财富的这种不可捉摸的特性，使得它特别容易受到思想力量的影响，使得许多人能够在一两年的时间里获得其他人努力一辈子也无法获得的财富。归根结底，这还要归功于心智的创造性力量。

34　海伦·威尔曼斯在《征服贫困》(*The Conquest of Poverty*)一书中对这一法则的实际运转给出了一段有趣的描述：

　　人们几乎普遍都在追求金钱。这种追求仅仅来自贪婪的天赋，它的运作被局限在商界的竞争领域。它是一种纯粹的外部行动，其行为方式并不源自于对内在生命的认知，而内在生命有其更美好、更正义、更精神化的渴望。它只是兽性在人的领域的延伸，任何力量都不可能把它提升到人类如今正在接近的神性层面。

　　因为这一层面上的所有提升都是精神成长的结果，这种提升，其正在做的，恰好就是基督所说的我们为了富有而必须做的。它首先寻求的是内心的天国，它只存在于这里。在这个天国被发现之后，所有这些东西（外在的财富）都会接踵而至。

一个人的内心中，什么可以称之为天国呢？当我回答这个问题时，10个读者当中没有一个会相信我——绝大多数人对他们自己的内在财富完全缺乏认知。尽管如此，我还是要回答这个问题，真心实意地回答。

我们内心里的天国，就存在于人类大脑里的潜能当中，这种潜能的极大丰富是任何人做梦也想不到的。软弱无力的人，其肌体之内也潜藏着上帝的力量；这些力量一直封闭着，直到他学会了相信它们的存在，然后试图展开它们。人们通常不喜欢反省，这就是他们为什么不富有的原因。在他们对自己以及自己的力量的看法中，他们被贫穷所困；对自己所接触到的每一事物，他们都要留下自己信仰的印记。即使是一个打短工的人，如果足够长时间地审视自己的内心，他就能够认识到：他所拥有的才智，完全可以被造就得跟他所效力的那个人一样强大，一样深远；如果他认识到了这一点，并赋予它应得的意义，仅仅这样，就足以解开他的镣铐，让他迎来更好的境遇。

通过认识自我，他应该知道：他跟自己的老板在智力上是平等的，或者可以变得平等；但需要的并不只是这样的认识。他还需要认识法则，并服从它的规定；换句话说，要想让自己攀上更高的位置，还需要更高的认识。他必须认识到这一点，并信任它，因为正是忠实而信赖地持守这一真理，他的生命才从身体上得以提升。雇员如果不是纯粹的机器，任何地方的老板都会为得到这样的雇员而欢天喜地——他们希望有头脑的人参与他们的经营，并乐意支付报酬。廉价的希望常常是最昂贵的，就本质而言也是利润最少的。随着雇员智力的不断增长或者思考能力的不断发展，对老板来说，他的价值也就不断增加；当雇员的能力发展到能够独立做事的时候，就会有尚没有发展到这样程度的人来取代他的位置。

一个人对自己内在潜力的逐步认识，就是内心的天国，它将被彰显在外部世界里，并建立在那些与之相关的环境中。

一个精神陋室的设计方案，其本身就来自一桩看得见的陋室的精神，这种精神就表现在与其特征相关的、看得见的外部环境中。

一座精神宫殿以与之相关的结果发送出一座看得见的宫殿的精神。同样可以依此论说疾病与恶、健康与善。

> 人们通常不喜欢反省，这就是他们为什么不富有的原因。

第 8 课 你真的会思考吗？

LESSON EIGHT

1　美国参议员沃兹沃斯曾经说过:"我祈愿这一时刻的到来:美国的公众舆论开始认识到,对社会进步来说,有机化学意味着什么,科学研究意味着什么。我们一直对推进物质资源的发展很感兴趣——从地底下挖出铁和煤,让地面上长出农作物,积极从事运输以及其他商业努力。作为一个民族,我们对科学研究所给予的关注和鼓励都很少,但是,总统先生及各位参议员,未来的进步却依赖于科学研究。正是那些在化学实验室里工作的人,为人类的进步铺平了道路。"

2　他接着说:"我相信,有机化学中就潜藏着解开过去和未来的秘密的方法。我相信,它在我国的奠立和维护,也意味着1亿人民的幸福、进步和安全。"

3　美国参议员弗里林海森说:"当我们认识到正是德国化学家的天才,以及德国的化学工业在科学上所取得的进步,使得德国几乎能够在河道港口畅通无阻的时候,当我们认识到下一场战争将要用化学品来打的时候,我认为,尽最大可能给予这一产业以最高保护是我们的爱国职责。"

4 德国的科学家似乎偏爱化学，他们在化学领域取得的成就举世瞩目，科学上许多重要的发现都要归功于德国化学家。如果不幸被弗里林海森言中，如果真有这么一场战争的话，的的确确将要用化学品来打，但是，未来的所有战争都要通过对精神化学的理解来赢得，而极少使用杀伤性武器。

5 想象一下，倘若你是一位叱咤风云的将军，站在主席台上，正在检阅一支庞大的军队。军人正迈着整齐划一的步伐大步走来，他们四个人一排，全都是风华正茂的好男儿，他们来自德国，来自法国，来自英国，来自比利时，来自奥地利，来自俄罗斯，来自波兰，来自罗马尼亚，来自保加利亚，来自塞尔维亚，来自土耳其，当然还有人来自中国和日本，来自印度、新西兰、澳大利亚、埃及和美国，他们整天不停地向前行进，日复一日，年复一年，这支千万人所组成的大军源源不断地从你面前经过，走向战场。壮士一去不复还，仅仅是因为身居高位的少数人更加关注有机化学而不是精神化学，他们都战死沙场，献出了宝贵的生命，这是多么令人叹息的事！

6 这些战士至死也不明白，武力总是会遇到同等的，甚或是更高的武力；他们不明白，低级的法则总是受控于高级的法则。富有聪明才智的男男女女却不能做自己的主人，身居高位的少数人控制他们的思考过程。就像欠了永远也还不清的债务一样，他们终日被深深的悲痛折磨，因为他们发现：为了支付他们所承担的债务的利息，他们必须工作一辈子；并且这些债务是世袭的，他们反过来将把这笔债务作为遗产传给他们的孩子，然后再传给他们的孙子，根本看不到穷尽的一天。

7　密歇根大学的校长马里恩·勒鲁瓦·伯顿说：

　　或许，如今我们能够向一个人提出的最严肃的问题就是："你会思考吗？"检验一个人对社会是否有功效、是否有益，将集中在他使用心智的能力上。爱默生所发出的危险信号，最引人注目的莫过于他的呼喊："当伟大的上帝把一个思想者释放到这个星球上来的时候，可千万要当心。"只要我们能利用今日美国的精神力量，我们就能解决世界上的巨大难题。不是通过迎合偏见和阶级利益，不是通过乱喊绰号诨名，不是通过欣然接受半真半假的事实，也不是通过肤浅的思考，而是通过细致的、苦心的、精深的科学思考，结合明智而及时的行动，人类的文明才得以拯救，人类的自由才得以确保。民主的未来依赖于教育，因此，每一位忠诚的公民，每一位有自尊的个人，都必须抓住机会，掌握知识，激发心智。真理总是让人自由，真理也总是只对善于思考的人才有用。

> 如今我们能够向一个人提出的最严肃的问题就是："你会思考吗？"检验一个人对社会是否有功效、是否有益，将集中在他使用心智的能力上。

8　人民已经觉醒，开始进行积极的思考。如今情况已经完全改变了，情形已经大为不同，人们把过去用于喝酒闲聊的时间花在阅读、研究和思考上，他们对自己的现状思考得越多，他们所满意的东西就越少。

9　而在此之前，每当人们不满或不快的时候就会聚集到附近的一家酒馆里，喝点小酒，让酒精麻醉自己痛苦的神经，暂时忘掉那些烦恼。身居要位的领导们对此都了如指掌，因为这个原因，英格兰有了麦芽酒，苏格兰有了

第8课 你真的会思考吗？

087

威士忌，法国有了苦艾酒，德国有了啤酒，而美国，由于是一个复杂的移民国家，因此也就有了各种各样的酒，它是让人民保持"幸福而满足"的最容易的方法。如果能让一个人得到一杯比例合理的酒精的话，他就已经得到了最大的满足，而不会再去深究什么。

10 幸福、繁荣和满足，是清晰思考和正确行动的结果，清醒的头脑能够保证一个人明确地知道自己在做什么，能够理智地做出决定。而酒精则反其道而行之，醉人的酒精的目的就在于给人带来一点小小的人工刺激，让理性暂时停滞，从而扰乱人的行为和思维，阻碍人们做出正确的判断。

11 有人认为啤酒比较温和，不那么容易使人麻木，对人的身体是非常有益的。但是，尽管啤酒可能不会那么快地导致酗酒的习惯，但是它就像蚕食桑叶一般，开始的时候往往被人忽略，但是当它引起人们注意的时候，就已经发展到了无法控制的地步。它并没有用那么锋利的锉刀去锉磨我们身体的器官，而是通过一个稍稍缓慢的过程让受害者走进他的坟墓，这当中，更多的是傻瓜的愚蠢，较少是疯子的癫狂。

12 还有人把葡萄酒当作诱使酒鬼离开死亡之路的灵丹妙药。但这样并不能哄骗贪婪的欲望降低到符合冷静和节制的要求。有人认为，葡萄酒会让酒鬼得到恢复，或者能延缓疾病的前进，但却是治标不治本，不能根本解决问题。必须有足够的酒精使人振作到快乐的状态，否则他就会以不可抗拒的强硬要求大声呼喊："给我"；葡萄酒没法帮助产生足够活跃的刺激，以唤醒萎靡不振的精神，或者让已经衰弱的胃变酸，这时候就会求助于威士忌和白兰地来完成慢性自杀工作。所以，即使没有人因为葡萄酒而变成酒鬼，那也仅仅是因为把他交给了老天爷的缓期报复而已，这种报复更凶残、更可怕。

13　鸦片贸易给英国人带来了数百万的利润，却有数百万中国人被牺牲掉；同样，因为酒的销售和流通为大银行和信托公司提供了百万美元的进账，为公司代理人提供了十万美元的酬金。而从另一个角度看，它促使大批群众去投票支持那些在道德上和政治上都已经破产的政党。这对于少数人来说是牟利的好机会，而对于大多数国民却是一场致命的灾祸。

> 幸福，繁荣和满足，是清晰思考和正确行动的结果，清醒的头脑能够保证一个人明确地知道自己在做什么，能够理智地做出决定。

14　伍兹医生的调查研究资料表明，最近三年，美国的死亡率从每千人14.2人下降到了12.3人，这意味着自从酿酒商的生意被禁止以来每年挽救了20多万人的生命。来自公立学校的老师、学校和乡村巡回护士、穷人当中的福利工作者、知识分子、警察首脑和慈善组织的领袖们的报告几乎一致表明：最近两年里，学校学生们的饮食、衣着、舒适和福利，有着自有记录以来从未发生过的显著改进。

15　正确的判断、宽阔的视野、丰富的知识和实践的主动性对于民族和个人的福祉来说是必不可少的。最高品质的政治才能和领导能力对于进步和繁荣不可或缺。然而令人费解的是依然有人支持修改《禁酒法案》。难道他们不懂得正如当一扇门被部分打开的时候只需小拇指轻轻一推就足以让它完全洞开一样，所谓的"修改"只不过是"废除"的另一种说法而已。这样法案的通过无异于将人民曾经经受过的身体的、心理的、道德的、精神的退化和灾难，以及所有的悲痛、苦难、丑行、耻辱和恐怖等等巨大的灾祸，再一次降临到受苦受难的人类身上。

16 下面是发表在《圣路易环球民主报》上的一篇题为《我们向何处去》的社论：

这是谁的错？当我们的需求如此之大的时候，我们的资源却如此之少，这个事实主要应归咎于谁？对此不可能有其他的答案。是美国人民。是那些被人民挑选出来为立法和行政负责的人。唯一的选举权力就掌握在人民的手上。这就是我国政府的基本原则。当我们的事情被管理得很糟糕的时候，如果我们不采取行动以得到更优秀的管理者的话，那么我们就没有权利去抱怨。但是，在这种危险的情形中我们又看到了什么呢？人民是不是在寻求那些智力、判断力、知识及品格都符合改进政府状况这一期望的人呢？他们显然没有这样。相反，他们转而求助于那些主要以妨碍和破坏的能力而著称的人。

作为世界上最伟大的国家，其政府怎么能用这样一些材料来行使它的职能、维护它的伟大呢？他们不懂得如何建造，也不想去建造，他们的建议只不过是混乱无序，一幢建筑物怎么能靠这些人去完成呢？我们认为，毫无疑问，人们所发出的声音，就是对当前形势的大抗议，是民众对许多扰乱并激怒公众的事情感到不满的大发泄。有很多理由不满，这一点毋庸置疑，但不满并不能为这些情形提供补救之道，人民所采取的方针不可避免地让情况变得更糟。我们所面临的问题，必须在我们重新开始前进之前设法解决，而解决的办法，只能来自建设性的头脑。关于这一点，不可能有什么争论。然而，受托管理我们事务的人，其政治才能却不是建设性的，而是破坏性的。结果会怎样呢？

17 国家作为一种社会存在是由许许多多的最小单位——个人组成，政府只代表组成国家的所有个体的平均智力。当个人的想法发生改变的时候，集体的想法也会相应地做出调整，而我们却试图把这个过程反过来，试图改变政府而不是个人，这样违反规律而行事，收效往往事倍功半。但只要在智力上做很小的努力，就能够轻而易举地把当前的破坏性想法转变为建设性的想法，在这样的情形下，环境就会很快改变。

> 违反规律而行事，收效往往事倍功半。但只要在智力上做很小的努力，就能够轻而易举地把当前的破坏性想法转变为建设性的想法，在这样的情形下，环境就会很快改变。

18 医药在治疗人类的病痛的同时，也对其他器官造成或大或小的损伤。经济学和力学中的每一次作用都必然带来反作用，人类关系中每一次作用也会带来同等的反作用，因此，我们需要懂得：物的价值取决于对人的价值的认识。任何时候，只要"物比人更有价值"的信条泛滥起来，那么，把财富的利益置于人的利益之上的错位现象就随之出现了，其所产生的作用必然会带来人们不愿看到的反作用。

19 10年之前，德国大城市的市政债券，以4%的利率在伦敦、巴黎和纽约销售。马克像美元和英镑一样稳定。德国公司的有价证券跟英国的和美国的并排放在一起卖，那时三者价格相当，同样坚挺。但是谁也料想不到它们并不是绝对安全的。如今，一个德国马克的价值，大约相当于百分之一美分。在1922年11月的这一个星期里，一共发行了616.44亿马克，只有上一个星期的发行额超过了这个数字，是675.79亿马克。如此巨大的落差着实

第8课 你真的会思考吗？

091

令人瞠目结舌，无言以对。

20　这些德国有价证券，利息照付，本金到期归还，但是，用来支付的钞票，其价值几乎抵不上印钞票的纸，因此，那些保守的德国投资者，那些只做"安全"投资的人，那些只购买利息不超过4%或5%的优先抵押债券的人，实际上一贫如洗。但作为补偿，他们可以这样反思：一个自由主义政府，允许人民拥有大量的啤酒，而当他们有大量啤酒的时候，他们就会兴高采烈地让别人替他们思考，因为利用这些啤酒，其目的并不在于产生深刻、清晰、持久而合理的思考。

21　成千上万的美国公民节衣缩食地创立了一笔基金，指望在将来的日子里这笔基金能够保证他们晚年衣食无忧。现在一切都成为泡影，所有的心血都付诸东流。从今往后的10年里，他们将靠什么来维持生活呢？

22　所有人都必须牢牢记住：生活这宗大买卖，不应该按照经济的方法来经营，因为投机和钻营这一套在生活中是行不通的。任何试图欺骗生活的人，最终只是欺骗了他自己。

23　为了造福人类，产生能够给最多的人带来最大利益的精神化学反应，应该把什么东西跟思想进行化合呢？首先我们应该知道，思想拥有无比强大的力量，抱持良好的愿望和理智的分析对它加以应用，会改善我们的生活，推动社会的发展和全人类的进步。但是如果思想被无节制地加以滥用，将产生可怕的后果，会给整个人类带来灾难性的破坏。

24 人类历史上许多次战争就是滥用思想力量而造成的，也是培养不满、无秩序和社会动荡的精神所带来的后果。1922年的意大利就是活生生的实例，一些人出于某种目的鼓励无政府的精神和不满的精神，把政府交给那些只对个人的飞黄腾达感兴趣的人，那时的意大利，只有墨索里尼一个权威，没有下院，没有上院，没有国王，他的权力是绝对的。他可以废除财政方面的所有法律，而应用自己炮制的新法律，他已经表示要对领取高工资的工人征税，"更多的是因为政治和道德的原因，而不是财政原因"。

> 任何试图欺骗生活的人，最终只是欺骗了他自己。
>
> 思想拥有无比强大的力量，抱持良好的愿望和理智的分析对它加以应用，会改善我们的生活，推动社会的发展和全人类的进步。

25 欧洲一位著名的政治家这样描述当前的情形：

不幸的是，一场像1914 — 1918年的世界大战这样的战争，其所带来的破坏是很难修复的。即使拿出全部的善意来对待被征服者，如果他凭借诚实的劳动，真诚地渴望帮助世界摆脱血腥的梦魇，世界也依旧会长时间地继续它绝望的漂泊，四顾茫然。我们今天依然处在战争的延续阶段，除非是和平时期的活力有了一个新的方向，否则这一阶段很可能没有尽头。财政陷入了混乱，预算被人为地摆平了，汇率是65法郎兑1英镑、14法郎兑1美元，可怕地扭曲了纸币的流通，不断上涨的生活费用、罢工、股票市场的瞬息万变，使得贸易和产业都无法开展；股票的积聚，就是4年战争的赎金。无论是对征服者还是对被征服者，这场世界性的大灾难所带来的都只能是全面的混乱。数以百万的人并没有因为52个月的死亡与毁灭的工作而被奉为神圣，因为在和平到来的第二天，世界就要重建。这样的速度，其所需要的平静远远超出了人类力所能及的范围。

26　我们应该还记得，在《圣经》中也有过类似的表述：

　　因为那时必有灾难，从世界的起头，直到如今，没有这样的灾难，后来也必没有。若不减少那日子，凡有血气的，总没有一个得救的。只是为选民，那日子必减少了。

27　胃是这样一个伟大的器官：对血液它是加速循环的器官，对活力它是弹性的器官，对神经它是快乐或痛苦颤动的器官，对心智它是元气的器官，对愉悦的灵魂之爱它是丰富圆满的器官。它是生活的银索，是甘泉边的金碗，是水塔旁的滑轮；当这些在履行它们各自的职责的时候，肌肉、精神和道德的力量也在和谐地发挥着作用，让整个生命系统充满了活力和欢乐。但是，当它出了故障而无法正常工作的时候，心智和身体的力量就会下降，疲乏、消沉、忧郁和叹息就会随着健康的溃败和生命之光的暗弱接踵而来。

28　经验告诉我们，任何刺激都会作用于胃，胃部的肌肉紧张会超出食物和睡眠所能维持的程度，当它过了这个点的时候，就会产生虚弱——劳累过度的器官，它的放松，跟它所受到的异常刺激成正比。胃是有生命力的，生命的活力确保它正常地工作，它可能被不明智地上升到快乐和健康的音调之上，当然也会下降到之下。如果经常重复这样的实验，它就会产生一种不自然的胃音——自然的胃音对于快乐和肌肉活力是必不可少的——完全超出了常规自然食物的力量所能维持的限度，并创造出一片真空，其中除了充满造成这种胃音的破坏力之外，起不到任何积极的作用。如果持续人为地扩大自然音与这种异常音之间的差别，习惯就把它变成了第二天性。就像反复地拉押一根橡皮筋，最终的结果是使它失去弹性。

29 作为一般法则，对于强大心智的行动来说，强健的体格是必不可少的。像重武器一样，心智在它发力的时候也会对身体形成反冲，并且会让虚弱无力的体格摇摇欲坠，因此只有将自己变强壮，才不至于在发挥作用的时候伤了自己。

> 对于强大心智的行动来说，强健的体格是必不可少的。像重武器一样，心智在它发力的时候也会对身体形成反冲，并且会让虚弱无力的体格摇摇欲坠。

30 人类的历史证实了这个结论。曾经走在各国前列的埃及，在她自己的柔弱之重的压力下，最终灰飞烟灭。希腊的胜利，让她沉湎于东方的奢华，也让时代的黑夜遮蔽了她的荣光。而罗马——她的铁蹄曾蹂躏列国，撼动地球——则在她后来的岁月里，目睹了心脏的衰弱，强者的盾牌被弃之如敝履。

第 9 课 内在信念是健康的保证

LESSON NINE

1   一直以来，精神化学在医学界的评价总是最广泛的，但其积极意义已经被某些医学从业者所重视，所肯定。奥斯勒医生曾经说过："在治疗学中，精神方法自始至终都扮演着非常重要的角色，当然，这在很大程度上未必被承认。大部分病痛的痊愈，其实都是信念在发挥作用，它让精神振作，加快血液流动，而神经则不受打扰地扮演它们的角色。失去或者缺乏信念，即使最强壮的体格，也会变得衰弱，甚至走向死亡。当最好的药也被绝望地放弃时，即使只是一块面包或一匙清水，信念也能够创造康复的奇迹。对医生以及他的药物和方法的信任，是整个医学专业的基础。"

2   正如人们普遍承认的那样，烦恼或连续的负面情绪刺激会打破消化系统的正常运行，使之发生紊乱。当消化功能正常时，饥饿感会在我们吃饱时得到抑制，在我们实际需要进食之前不会感到饥饿。在这种情况下，抑制中心就会恰如其分地发挥作用。一旦我们患上胃病，这个抑制中心就停止发挥作用，所以我们不时感到饥饿，最终导致已经受损的消化器官的过度劳累。类似的小麻烦，人类一直不曾避免。这些麻烦完全是局部的，在大中心不会引起太多关注。但如果不适是源自一个根

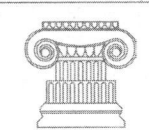

深蒂固的、无法轻易消除的原因，更为可怕的疾病就会不期而至。这时，它的严重影响一旦长期持续，麻烦就会遍及生物体每一个部分，甚至危及生命。当发展到这种程度，只有大中心的管理有力、坚决而明智，紊乱才不会得以持续；一旦大中心出现软弱无力的状况，整个系统就随时有可能全然坍塌，后果不堪设想。

3　林达医生有这样一种说法："'自然疗法'介绍了一种恶的理性观念，由违背自然规律而引起，就其目的而言它是矫正的，只有遵循自然规律才能克服。如果不是有人在某个地方违反了自然规律，就不会出现所谓的痛苦、疾病和恶了。"

4　违反自然规律的原因可能是无知、漠视、任性或恶意。"果"和"因"总是互为关联的。

5　自然生活和自然康复的科学表明，人类的疾病，主要是大自然在努力消除身体的病态物质、恢复身体的常态的经历；与大自然中任何其他事物一样，疾病的过程在方式上也称得上是井然有序，所以，我们一定不能阻止或抑制疾病，而要积极配合。由此，我们艰难而缓慢地记住了这样一个至关重要的教训：防止疾病的唯一手段就是"服从规律"，它也是治疗疾病的唯一手段。

6　"自然疗法"揭示了治疗的基本规律、作用与反作用，以及病情急转的规律，让我们铭记了这样一个真理：在健康、疾病和治疗过程中，没有所谓意外或反复无常的事情发生，身体状态的每一次变化，要么是与我们的生命规律相和谐，要么是相冲突；我们只有完全听任并服从规律，才有望掌握规律，以此维持期待中的身体健康。

7　我们在研究疾病的原因和特性时，必须坚持从"生命"本身开始。切记：我们所谓的生命和活力的表现，造就了健康、疾病和治疗的过程。

8　关于生命或生命力，流行着两种差别很大的观念：身体观和生机观。前者把生命或生命力连同它所有的精神和物质现象都看作是组成人的身体——物质元素的电磁和化学活动。从这一观点看，生命是一种"自燃"，或如同一位科学家所阐述的，其实是"一连串的发酵"。

> 大部分病痛的痊愈，其实都是信念在发挥作用，它让精神振作，加快血液流动，而神经则不受打扰地扮演它们的角色。

9　现代科学正迅速地弥合生命的物质领域和精神领域之间存在的鸿沟，作为现代科学发展的结果，在观念更先进的生物学家眼中，上述生命观已经过时了。

10　后者呢，生命或生命力的生机观，把生命力视为一切力量中的主要力量，来自于所有力量的中心源。这一力量，弥漫、温暖了整个被创造的世界，使之充满生机，表达"自然意志""理念""道"，表达伟大的创造性智能。这种"自然巨力"，是地球旋转的原动力，亦能推动组成不同的原子和物质元素的电子微粒和离子不停运动。

11　天然物质，并不能称作是生命及其所有复杂的精神现象之源，充其量只是"生命力"的表达，是"伟大创造性智能"的彰显，有人把这种智能称为上帝，也有人赋以梵天、道、气等名词，只是传统时代人们的理解不同而已。

第9课　内在信念是健康的保证

12 这种至高无上的力量和智能，作用于人体内的每一个原子、分子和细胞，只有它，才是真正的"治疗者"，这种"自然治疗力"一直在努力修补、治疗，以恢复完美。医生所能做的，就是清除障碍，让患者的内部和周遭重新回复正常，只有这样，内在力量才能发挥最大优势。

13 归根到底，大自然的一切，不论是稍纵即逝的想法或者是情绪，还是坚硬无比的钻石或者是白金，都只是运动或振动的呈现，存在着无与伦比的协调与平衡之美。

14 "没有生命的自然"是美丽而有序的，因为它的演奏跟"生命交响曲"的乐谱合拍。加入了人的演奏才会跑调。这是属于他的特权或者说是祸根，因为他有自由来选择行动。

15 在"自然疗法"的手册中是这样定义健康和疾病的，给我们提供了更好的理解层面：

在生命的身体、心理、道德和精神层面上，组成人的实体的元素和力量正常而和谐地振动时，才会有所谓的健康，这完全符合大自然适用于个体生命的建设性原则。

而与大自然应用于个体生命的破坏性原则相一致，当组成人的实体的元素和力量进行反常且不和谐的振动时，疾病也因此诞生。

16 以怎样的条件才能产生正常抑或反常的振动呢？解释这个问题的答案就是：生物体的振动环境，必须与大自然在人的身体、心理、道德、精神和灵魂等生命和行动领域中建立起来的和谐关系相协调。这个答案，已经得到诸多精神医学家的证实。

17 在《精神医学法则》(*The Law of Mental Medicine*)一书中，汤姆逊·杰伊·哈得逊说：

像所有自然法则一样，就其应用来说，精神医学的法则是普遍适用的；而且，像所有其他法则一样，它也是简单的、容易理解的。如果我们承认：在健康状态中存在着一种控制身体功能的智能，那么接下来必然会得出这样的结论：在生病的情形中，同样的力量或能量没能发挥作用。这种力量既然失败了，那么就需要帮助它；这就是一切治疗手段旨在实现的目标。对于恢复身体的正常状态，再聪明的医生也不敢说能比"自然的帮助"做得更多。

需要这种帮助的正是精神能量，这一点没人否认；因为科学家告诉我们，整个身体是由智能实体的联盟所组成的，每一个智能实体，都以一种刚好适合其作为联盟成员的特殊职责的智能履行其自身的功能。事实上，任何生命都有心智，从最低级的单细胞生物直到人都是如此。因此，正是精神能量，使得身体的每一根纤维在其所有的状态之下运动起来。有一个中央智能控制着每一个这样的心智生物体，这一点是不证自明的。

这一中央智能，究竟只是身体的所有细胞智能的总和，还是一个独立的实体，在身体死亡之后还能够维持独立的存在？这个问题，跟我们眼下所从事的研究并没多大关系。对我们来说，只要认识到这一点就足够了：这一智能是存在的，并且，它目前是控制性的能量，通常控制着组成身体的无数细胞的行动。

那么，当精神生物体因为任何原因而未能履行其

> 在生命的身体、心理、道德和精神层面上，组成人的实体的元素和力量正常而和谐地振动时，才会有所谓的健康。

跟身体构造的任何部位有关的功能时，一切治疗手段打算激活的，正是这一精神生物体。因此，精神疗法是激活精神生物体的主要方法和常规方法。也就是说，精神疗法对精神生物体的作用比其他疗法更直接，因为它更清晰地作用于后者。尽管如此，但也决不排除物理疗法，因为所有经验都表明：精神生物体对物理刺激和精神刺激都能做出响应。

因此可以有理由声称，在疗法上，在其他条件相同的前提下，精神刺激在效果上必然比物理疗法更直接、更积极，道理很简单：一方面它是智能的，另一方面它是清晰的。然而必须指出，即使是在物理治疗实施过程中，完全消除心理暗示也明显是不可能的。极端者甚至声称，物理治疗的全部效果都要归功于心理暗示的因素，但这个说法似乎站不住脚。有点把握的说法顶多是：物理治疗，在其本身并不肯定有害的时候，是好的、合理的暗示形式，同样被赋予了某种类似于安慰剂的疗效。还有一点可以肯定：治疗方法无论是物理的还是精神的，它们都必定会直接或间接地赋予控制身体功能的精神生物体以生机。否则的话，治疗效果就不可能持久。

我们由此得出结论：所有疗法（无论是物理的还是精神的）的治疗价值，都取决于各自产生下列效果的能力：刺激主观心智进入常规活动状态，并把它的能量引入适当通道。我们知道：心理暗示比其他任何已知的治疗手段都更直接、更积极地满足了这个要求；而且，在外科领域之外的任何病例中，这就是为恢复健康而必须做的一切。它也是我们所能做到的一切。精神生物体是身体内部健康的基础和源泉，宇宙中的任何力量，都不可能比激活精神生物做得更多。谁也创造不出比这更大的奇迹。

18　而克劳斯顿教授在对皇家医学协会发表的就职演说中曾说：

我希望今天晚上能确定或强调一个这样的原则，我认为，实践医学中对这个原则的考虑是不够的，而且常常是根本就没有考虑。它建立在生理学的基础之上，有着最高的实践价值。这个原则就是：大脑皮层，尤其是精神皮层，在机体中拥有一个这样的位置：在每一器官的所有疾病中，在所有活动中，在所有伤害中，必须以一个或多或少的利好或利坏的因素来看待它。从生理学上说，皮层是所有机能的大调节者，是每一种器官紊乱的永远活跃的控制者。我们知道，每一个器官和每一种机能都被表现在皮层中，而且被表现得能把它们全都带入正确的关系中，彼此之间互相协调，所以，它们全都可以通过皮层被转换为一个生命整体。

> 防止疾病的唯一手段就是"服从规律"，它也是治疗疾病的唯一手段。

生命和心智，是组成一个真实动物生物体的有机整体的两大要素。人的大脑皮层是进化金字塔的顶峰，进化金字塔底座是由密密麻麻的细菌及其他我们如今看到几乎遍布自然界的单细胞生物所组成。它看来好像就是从最初起步的所有进化的终极目标。在大脑皮层中，其他的每一器官和机能都找到了它们的有机目的。在组织结构上——就我们迄今所知道的而言——它的复杂性远远超过其他器官。

如果我们充分认识到每一个神经细胞的结构（有着许许多多的纤维和树突）以及神经细胞彼此之间的关系；如果我们能够证明皮层是用来实现神经能量的普遍交互的器官，连同它的绝对一致，它的局部定位，以及它为心智、运动、感性、营养、修复和排泄所做的奇妙安排——当我们充分认识了所有这一切的时候，对于大

第9课 内在信念是健康的保证

脑皮层在器官等级中的支配地位就不会有进一步的疑问了，对它在疾病中的最高意义也就没什么疑问了。

19　这在病例中已经得到佐证。《柳叶刀》杂志记录了巴尔卡斯医生的一个病例：一个58岁的女人被认为所有器官都有病，哪儿都疼，她尝试过每一种治疗方法，但最后被纯粹而简单的精神疗法给治好了。医生让患者确信她目前的状况肯定会导致死亡，并让她深信：倘若由富有经验的护士来护理的话，某种药绝对能治好她的病。然后，便在每天的7点、12点、17点和22点给她一汤匙蒸馏水，继之以精心的护理。不到三个礼拜，所有疼痛都消失了，所有病都治好了，而且一直未曾复发。这是一次把任何物理治疗都排除在外的颇有价值的实验，它证明仅仅通过精神因素同样可以治愈一种病。当然，它通常也可以跟物理治疗结合起来。

20　包括你我在内的很多人都很容易相信，只有神经疾病或机能疾病才可以通过心理方法或精神方法来治疗，但事实并非如此。阿尔弗雷德·T.斯科菲尔德在《心智的力量》(*The Force of Mind*)一书中说：

　　在一份已发表的250个病例的清单中，我们发现了5例"肺病"，1例"髋关节坏死"，5例"脓肿"，3例"消化不良"，4例"内症"，2例"咽喉溃疡"，7例"神经衰弱"，9例"风湿病"，5例"心脏病"，2例"手臂萎缩"，4例"支气管炎"，3例"弱视"，1例"脊骨断裂"，5例"头疼"。这些病都是同一年上伦敦市北的一家小礼拜堂的治疗结果。

　　国内和欧洲大陆的温泉疗养地（有着川流不息的含硫黄和铁的矿泉水）的"治愈"是怎么回事呢？

　　医生真的归功于温泉疗养地、真的打心眼里相信这些病例中的所有治愈都是通过水、水和食物，甚或是通过水和食物和空气实现的么？或者，他真的不认为一定还有"别的东西"么？请走近疗养院，进入所有事情的中心，以及他所有秘密的内室吧：在他自己的诊所里和他自己的执业实践中，医生难道不曾面对他自己也无法解释其原因的治愈——是的，还有疾病——么？当他继续使用本地医生所发明的疗法时，难道没有经常为它的疗效而感到惊讶么？

任何一个富有经验的医生难道真的怀疑这些精神力量么？他难道没有意识到如果把"信念"的因素添加到他的处方中常常会让他的药更加有效么？他是否通过实验认识到了坚称药物一定能产生如此这般的效果这一做法的价值呢？

那么，如果这种力量真的那么广为人知的话，究竟为什么会被忽视呢？它有自己的作用规律、局限性，以及或好或坏的力量。它难道不能给医科学生以明显的帮助吗？如果是他的老师向他指出这些，而不是他从一大堆毫无规律的成功中瞎琢磨出来的。

然而，我们终究还是倾向于认为，一场无声的革命正在医生们的头脑中缓慢发生，我们现在的这些关于疾病的教科书（仅仅满足于开出数不清的处方，再结合一点作为严肃考量殊无价值的精神治疗），最终将会被其他的包含我们这个世纪更有价值的观点的教科书所取代。

> 那些有意识地去实现思想力量的人往往能够享受最好的生活，将那些高等级的实物变成了他们日常生活切实有形的组成部分。

第9课 内在信念是健康的保证

第 10 课 健康要有平常心

LESSON TEN

1　维吉尔说："找到了事物原因的人是幸福的。"

2　梅奇尼科夫认为，科学的最终目的，就是通过卫生及其他预防措施，使世界摆脱掉苦难。他在研究过身体之后，所尝试的事情就是把伦理应用于生活，这样生活才会过得丰富，这才是真正的智慧。他把这种状况称为"正常生活"。

3　梅奇尼科夫夫人转述她丈夫的观点说，如果我们想要经历生活的正常周期——即"正常生活"，我们的生活方式就必须依据理性的、科学的时间表去改变、去指导。对于所有人来说，除非知识、正直和团结在人们当中不断增长，除非社会环境更友善，否则，正常生活是不可能实现的，这和人类的道德基础是并行不悖的。

4　像人类所拥有的其他的能力一样，信念也有一个它赖以发挥作用的中心——松果腺。信念通过人体的器官来暗示自己，因此是"身体的"，就像疾病可能是"精神的"一样；精神和身体只是人这个既伟大又普通的个体的组成部分。疾病的治疗需要用

到"宇宙力",这种力量可能以不同的形式,如上帝、大自然、自然治疗力、气、逻各斯、神来彰显,但是无论以何种方式,都无外乎物质手段或者精神手段。

5 巴特勒医生告诉我们:"柏拉图说,人是一株根植于天上的植物。我很同意这个说法,但他也是一株根植于地上的植物。"事实上,可以说人有两个起源,一个是尘世的、肉体的,另一个是精神的,不过后者源于前者——所以,最终的起源是一个。

6 人是一个生物体。德·昆西把生物体定义为一组部分作用于整体,反过来整体又作用于所有部分。这个定义简单而真实。

7 具有讽刺意味的是,心智尽管是人类生物体作用与反作用的主要部分,通常也是决定性的部分,但它却未被纳入正规医学研究的范围,否认它是几乎所有并非由传染引起的身体疾病的主要原因。但近年来,身体中毒和内分泌紊乱开始越来越引起人们的重视,医学研究者们也开始试图在身体之外的作用机制中寻找答案,并将它明确地定位于心智的状态。这些状态开始进入诊断学的范围;先进的医学技术也把它们纳入了治疗学中。

8 其实人们关于心智对身体有何影响的研究开始得很早,甚至可以追溯到希波克拉底,或许比他更早。14世纪的时候,曼德维尔就曾赞成让一个求医问药的人背诵几首《赞美诗》;他也不反对通过朝圣来寻求健康——他认为,在善的潜力巨大的时候,百害莫侵。在朝圣的路上(通常是步行,大部分时间在户外度过),体育运动的价值几乎显而易见。在中世纪及其稍后,许多名医都坚持要患者(不管他们多有钱,出身多高贵）从他们的住处徒步前来求医，而且要十足的谦卑，否则就拒绝施治，这种办法治好了许多嗜睡症和肥胖症。这些都是古代心智应用的实证。

> 每个人都有自己的精神特性，所以必定存在着统治精神世界的基本法则，无论受重视与否，这些精神法则都要发挥作用。

9　罗耀拉说："要带着万事全靠你的想法去做每件事，然后，仿佛万事全靠上帝那样去期待结果。"这阐述的是一种做事的态度，一种心智状态。

10　相对于那些固执、酸腐的学究们，各康复学派的最明智、最宽容、最开明的解释者总是慷慨地承认其他学派的价值和本学派的局限。那些负责任的、真正尊重职业荣誉的医学人员，在处理科学的时候会使用所有有益的、建设性的手段。因此，有一位杰出的神秘论者说：

　　在错位、脱臼或骨折等病例中，获得解救的最快捷的办法就是去请一个有能力的医师或解剖专家，让他去护理受伤的部位或器官。在血管或肌肉破裂的病例中，应该立即寻求外科医生的帮助。这倒不是因为心智治不好上述病症，而是因为：在当下，即使是在受过教育的人当中，心智在很多时候都因为误用或不用而软弱无力。为了避免不必要的痛苦并尽快痊愈，精神治疗应该配合着这些身体治疗。

11　先贤威廉·奥斯勒爵士说："科学的救助，就在于对一种新哲学的认识——这就是柏拉图所说的'科学之科学'（Scientia Scientiarum）：'如果研究这些学科深入到能够弄清它们之间的相互联系和亲缘关系，并且得出总的认识，那我们对这些学科的一番辛勤研究才有一个结果，才有助于到达我们既定的目标，否则就是白费辛苦。'"(《旧人文与新科学》，*The Old Humanities and the New Science*)

12　科学家们假设，只有一种物质，并因此推论出：科学就是这种物质而非其他物质的科学。然而他们却不得不面对这样一个事实：他们的这种物质被分开了，而且，当他们把它分解到最细微的程度时（例如原生质），就不得不面对比他们所熟悉的或者能够充分解释的规律更高的规律。然而，许多视野更宽广的科学家却开始看到了"第四度空间"，并承认这样一个事实：可能存在完全超出化学试验和显微镜头之外的物质。

13　一个崭新的时代正在向我们走来，电报和无线电如今已经普遍应用于我们的日常生活，利用所有的信息和知识通道四通八达、畅通无阻。因此，疾病从所有已知的康复技术中受益也便指日可待了。

14　每个人都有自己的精神特性，所以必定存在着统治精神世界的基本法则，无论受重视与否，这些精神法则都要发挥作用。医生总是由于拒绝承认患者的精神特性而害人不浅，而玄学家们则走向了另一个极端，他们总是由于不承认患者的身体是内在精神的肉体表现，不承认身体的状况只是精神的表达，而贻误苍生。

15　有了近些年所涌现出的关于心智的智慧作为坚强的后盾，我们立即认识到：病原体不仅是疾病的原因，而且也是疾病的结果，而过去被认为是疾病的罪魁祸首的细菌是疾病产生的结果而不是导致疾病的原因。

16 结果是显性的而原因是隐性的，因此我常常只找到结果而找不到原因。只处理"果"而不找诱因，治标不治本，不过是用一种形式的痛苦去替代另一种形式的痛苦，不能根除疾病。如果我们的目的是要救治痛苦，要想标本兼治，那么我们就该去寻找导致"果"产生的那个"因"，而这个"因"绝不可能在"果"的世界中找到。

> 结果是显性的而原因是隐性的，因此我常常只找到结果而找不到原因。只处理"果"而不找诱因，治标不治本。

17 在这个新的时代，反常的精神状态和情绪状态马上就会被发现，并得到纠正。毁灭中的生物组织会被根除，或者通过医生治疗时的建设性方法而得以重建。反常的损害会通过建设性的治疗而得到纠正。但是，比所有这一切都远为重要的，是主要的、本质的观念，是所有结果赖以为基础的观念，而且，不要让任何不和谐的或破坏性的思想接近患者，对患者及其周围的人来说，所有的想法都应该是建设性的，因为每个医生、每个护士、每个陪护、每个亲友最终都会认识到：想法是精神性的事物，它们一直在寻求彰显，一旦找到沃土，它们就会立即生根发芽。

18 有的患者的反应不十分灵敏，不能立即对客观世界的想法和影响他们健康状况的周围环境做出及时准确的反应。甚至有的患者会把伪装了的破坏者误认为是来拯救自己的天使心肠的慈善家而报以热烈的欢迎。这些欢迎将是下意识的，人们总是受潜意识的支配而行动。

19 显意识的心智只通过感觉器官即目、耳、鼻、舌、身来感受客观世界，接受想法，使人产生视觉、听觉、触觉、味觉和嗅觉这五种感觉。

20　与显意识不同的是，造物主没有明确规定哪些器官是专门用来感受潜意识的。下意识想法则是通过任何受到影响的身体器官来接收，并把接收到的想法具体化。首先，有数百万的细胞化学家准备并等待执行它们所接收到的指令。其次，由巨大的交感神经系统所组成的整个通信体系会延伸到每一根生命纤维，准备对轻微的情绪做出反应：快乐或恐惧，希望或绝望，勇敢或无力。接着有一连串的腺体所组成的完整的制造车间，细胞化学家们用来执行指令的所有分泌物都是在这里制造的。然后有整套的消化器官，食物、水和空气在这里被转变为血液、骨头、皮肤、头发和指甲。然后有供应部门，源源不断地把氧、氮和醚送入身体的每个部分，它的全部奇迹就在于：醚使得细胞化学家所要用的每一样东西都处在溶解状态，因为醚把细胞化学家在制造一个完美个人的时候所需要的每一种元素保持在纯粹形态中，而食物、水和空气则把这些保存在次要形态中。

21　下意识就像一个规模宏大的工厂，拥有一整套排泄废料的装备，以及一整套修复各部门的装备。在我们周围或许存在各种各样的通信讯号，但如果我们不利用放大器，就接收不到任何信息，我们的下意识无线电也是如此。如果我们不设法让潜意识和显意识协同合作，我们就认识不到：下意识在不断地接收某种信息，并不断地在我们的生活和环境中把这些信息具体化。

22　如此高效而完备的系统就是造物主亲自发明和设计的机能，并把它置于潜意识心智而不是显意识心智的监管之下。人类需要时刻谨记的是：潜意识往往要依靠显意识而得以彰显，当潜意识心智同它所有神奇的机能与"普遍适应的理念"相协调的时候，是受显意识心智控制的，在普遍适应的理念中，所有这一切都保持着开放的状态。

23　处于自然世界中的人或物，为了认识那些有待于我们去认识的新观念，必定要从自然的层面上升到超自然的层面，从感性认识上升到理性认识。这一层面是通过内心的平和来达到并实现的。

24　造物主为人类想得很周到，我们人体内部是一个和谐的系统，平和的内心促成细胞的协调，使之产生自动的修复过程，从而使疾病得以恢复。所以，我们必须记住，不能喂细胞吃，而应让它们自己吃；任何企图强迫它们接受超过它们所需给养的努力，都会导致灾难。它们自动接受它们所需要的，拒绝对它们有害的，不需要外力的干涉。

> 当你刻意地去做一件事，这是显意识的结果。我们需要把它们变成自发的意识，或者说潜意识，习惯渐成自然，这些新行动又渐渐变成了自然的习惯，继而成为潜意识，从显意识到潜意识的转变，其实就是从刻意到自觉再到习惯的转变。

第 11 课 你必须发自内心地相信自己

LESSON ELEVEN

1　亨利·布鲁克斯先生的著作《自我暗示的实践》(*The Practice of Auto-suggestion*) 提及了他在埃米尔·库尔医生的诊所进行的一次有趣且极富教益的拜访。这个诊所位于南锡市圣女贞德路尽头库尔医生宅邸内一座怡人的花园里。亨利·布鲁克斯先生说，当他到达时，已经人满为患，但还有人不断想要进入。一楼都已经被人全部占据，门口还挤满了人，所有的椅凳都坐满了前来求诊的虔诚的患者。

2　他接着讲述，库尔医生大部分不同寻常的治愈病例，仅仅是给患者以暗示：康复的力量其实就潜藏在他自己身上。还有一家由考夫曼小姐负责的儿童诊所，在这项工作中，她毫不吝啬地投入了自己所有的时间和精力。

3　布鲁克斯认为，库尔医生的发现，可能会给我们的生活和教育带来深远的影响，"它让我们懂得：生活的重负，至少在很大程度上是我们自己造成的。我们在自己身上以及在周遭的环境中重现了头脑中的想法。更深层次地说，它为我们提供了一种避恶扬善的手段，改变我们原本坏的想法、鼓励好的想法，

从而改善我们的个体生命。这个过程并非终止于个人，社会的思想在社会环境中被认识，人类的思想在世界环境中被认识。从幼年起就培养一代人的自我暗示的知识和实践，对于这样一个社会问题和世界问题，我们又该采取怎样的态度呢？一旦我们都在自己的内心找到了快乐，那么，是否会继续贪婪，想要拥有更多呢？自我暗示，需要改变态度、重估生命。如果我们一直面朝西方，我们就只看得到乌云与黑暗，而只要轻轻地回过头，就能看到壮丽的日出以及更为宽广的视野。"

4 医学博士范·布伦·索恩一篇类似的文章也在1922年8月6日的《纽约时报》上发表，文章评价库尔医生的工作说，埃米尔·库尔精心设计的这套治疗精神和身体疾病的体系，其本质可以概括如下：

> 个体拥有有意识和无意识两种心智，心理学家称后者为潜意识心智，一直扮演着显意识心智谦卑而温顺的仆人。它主管和监督我们内部组织的食物消化，肌体修复，废物排泄，以及重要器官的功能和生命本身的持续。
>
> 库尔医生认为，当有意识心智中产生要额外努力修复某种缺陷（无论是身体还是精神的）的想法时，个人要做的，就是把这个想法明白无误地传达给潜意识心智，这位谦卑温顺的仆人就会立即服从指令，不存在任何质疑。

5 库尔医生、布鲁克斯先生，以及许多法国、英国及欧洲其他地方的名流要人都曾声称：他们直接观察过许多病例，可以称得上是奇迹的结果。而对于那些因不曾目睹过这一治疗形式所能产生的神奇疗效，而对此抱有怀疑态度的人来说，不妨让他们知道"库尔医疗法"的三个实例，很可能他们就会改变态度。首先，库尔医生多年来一直免费为有需要的患者服务；其次，他总向病人坦言：自己并没有治疗的力量，一辈子从未治好过一个人，关键在于患者本身，自己才能真正拯救自己；第三，任何人在治疗的过程中无须任何咨询以及其他任何人的帮助。还可以补充一点：即使是一个小孩，一旦领会了显意识心智和潜意识心智这个事实，并能正确地加以运用，他就能成功地进行自我治疗。

> 康复的力量其实就潜藏在我们自己身上。

6 在此书的封面上，布鲁克斯先生引用了《新约·哥林多前书》中的一句话："除了在人里头的灵，谁知道人的事。"选择这句话，布鲁克斯是将它作为《圣经》中提及显意识心智和潜意识心智存在的证据。但是，其所使用的方法或其结果可能具有的宗教意义，不论是库尔医生的治疗，还是布鲁克斯的这本关于治疗的书，最终都没法详细阐明。

7 库尔医生在南锡所进行的医疗实践，之后得到了迅速传播，然而，他坚持认为，这套方法的治疗效果的公认与传播得益于一句口碑："日复一日，我在方方面面都越来越好。"他并没有强调他所谓的治疗的宗教意义，然而，布鲁克斯先生说："那些具有宗教情怀的人，如果真的希望把这句口头禅跟上帝的关怀、保护挂钩，也可以这样说：'日复一日，在上帝的帮助下，我在方方面面都越来越好。'"这种疗法的成功之处，就是要在显意识心智中产生这样的信心：它所强调的，在其表面价值上被潜意识心智所接受，正如布鲁克斯说的："一个想

第11课 你必须发自内心地相信自己

法进入显意识心智，一旦被潜意识心智所接受，就会变为事实，形成我们生命中一个永远也无法消除的要素。"

8 现在，让我们追溯一下这本书的创作过程，以便了解库尔医生的工作。布鲁克斯先生出生在英国，很有兴趣直接观察库尔医生在南锡的工作。库尔医生在此书的序言中说，头一年的夏天，布鲁克斯先生对自己做了一个访问，花了几周的时间。他是第一个带着明确的研究目的——有意识的自我暗示方法——来到南锡的英国人。为接近这个目标，他参加了库尔医生的会诊，完全掌握了这个方法。接着两个人一起反复研究了这种疗法所依据的诸多理论。

9 库尔医生说，布鲁克斯先生能巧妙地抓住治疗方法的本质，并以自己简单而清晰的方式表达出来。他还说："不论是需要获得治疗的病人，抑或是为了防止将来生病的健康人，都应该遵循这种方法。我们能够通过践行靠自己的力量确保自己长寿，能拥有极好的健康状况，不论是心智健康，还是身体健康。"

10 接下来，就让我们随着布鲁克斯先生去拜访库尔医生的诊所吧。房子的后面是一座花园，鲜花盛开，果实累累，令人心旷神怡。患者坐满了花园的长椅，候诊室和会诊室内都挤满了来自四面八方的患者，有男人，有女人，还有孩子。

11 库尔让患者确信自己正在一点点好转，并补充说："你曾在自己的潜意识里播下了坏的种子；如今，播下些好的种子吧，之前的那种力量，将同样带来好的结果。"

12 对一个抱怨连天的女人，他说："夫人，您过于执着于自己的病了，太多的想法正在给您创造新的疾病。"对一个患头痛的女孩、一个眼部红肿的年轻人、一个患静脉曲张的劳工，他不厌其烦地反复说明：他们的痛苦将在自我暗示中被完全解除。他走向一个神经衰弱的女孩，这个女孩已经来过诊所三次，并在家里遵循这个方法做了10天的治疗。她说，她感觉正在好转。如今她吃得香、睡得好，正开始享受全新的生活。之后，一位曾经是铁匠的高大的农民引起了他的注意。他说自己差不多10年来都无法把手臂抬到肩部之上。库尔预言，他会彻底痊愈。再之后，库尔开始关注那些自我认定已经受益的患者。一个女人胸部有疼痛的肿块，被医生诊断为癌症（在库尔看来，这一诊断是错的）。她说，经过三周的治疗，自己已经完全康复了。另一位患者则成功地战胜了贫血，体重增加了9磅。第三位患者说，自己的静脉曲张溃疡已经治好了。第四位患者，一个被认定会终生口吃的人，声称自己也已经痊愈。

> 一个想法进入显意识心智，一旦被潜意识心智所接受，就会变为事实，形成我们生命中一个永远也无法消除的要素。

13 此时，库尔再将注意力转向之前的那位铁匠，对他说："10年来，你一直认为自己不能把手臂抬到肩部之上，所以你确实做不到，因为，我们所想的，会让我们误以为是事实，现在，你转变思路，对自己说：'我能抬起手臂。'"铁匠满脸疑惑，半信半疑，嘀咕着："我能抬起手臂"，并试着做了一次，说手臂很疼。

"坚持住，别放下，"库尔用命令式的口气对他大喊："你要想：'我能，我能！'然后慢慢闭上你的眼睛，以最快

第11课 你必须发自内心地相信自己

的速度跟着我重复：'起来了，起来了。'"

半分钟后，库尔说："现在，认真想：你能抬起手臂。"

"我能，"此人开始对此深信不疑，然后高高举起了手臂，很得意地保持着这个姿势，让所有人都见识到这个成果。

库尔医生平复了一下自己的情绪，说："我的朋友，恭喜你已经把自己治好了。"

"不可思议，难以置信！"铁匠终究还是一头雾水。

库尔请他拼命击打自己的肩膀，以此来确信事实的存在。于是，有节奏的击打落在医生的肩膀上。

"够了，"库尔喊了一声，顺势躲开铁匠那重锤般的拳头，"你可以回到你的铁砧旁边了。"

14 此时，他转向了一号患者，那个步履蹒跚的男人。那个人被刚才的一切所鼓舞，心里扬起了信念的风帆。在库尔的指导下，他果然控制住了自己，在短短几分钟内就真的能从容前行了。

库尔继续说："当我看完门诊时，你应该有能力在花园里跑了。"

预言很快应验了，患者以每小时 5 英里的速度绕着围栏轻松地跑了起来。

15 接着，库尔概括了一些特殊的暗示。他让患者闭上眼睛，用低沉、单调的声音对自己说如下的话：

"我即将说出的每个字都将铭刻在脑海，它们会一直固定在那里，所以，如果没有你的意志和认知，没有以任何方式意识到正在发生的事情，你自己以及你的整个生物体都会服从它们。让我告诉你，首先呢，每天早、中、晚吃饭的时候，你都会感觉到饥饿；也就是说，你会感觉到：'要是有什么吃的东西就好了！'然后，你大快朵颐，尽情享受食物，但决不会吃太多。要适可而止，然后你就会本能地知道什么时候算是吃够了。你会充分地咀嚼，把它转变为糊状，然后再下咽。这样，你会很好地消化食物，不会让胃和肠部感觉不适。完美地执行消化过程，你的生物体会尽最大可能利用食物去创造血液、肌肉、力气和能量，一言以蔽之——创造生命。"

> 恒星与行星在各自的轨道上井然有序地运行，一切成就也都按照属于自己的正常顺序实现。我们首先希望，然后相信，继而尝试，第四步都是我们拥有知识。

16 布鲁克斯说："库尔医生与考夫曼小姐他们把个人财富和整个生命都投入到了为他人服务的工作中。不论在多么困难的时刻，他们从未收过患者一分钱，也从未拒绝过任何患者。如今，这种疗法已声名远扬。库尔在自己的这项工作中花费了大量时间，有时一天甚至多达十五六个小时。在'诱导自我暗示'的治疗领域，他堪称纪念碑。"

17 韦尔特默先生在《再生》(*Regeneration*)一书中说：

　　人类所参与的最近的一场战斗，如今正在继续。这不是一场大炮和利剑的战斗，而是一场观念的冲突。它不是破坏性的，而是建设性的。它不是一场毁灭之战，而是一场完成之战。它不会加深冲突，而是要确保和谐。它不会把人类大家庭结合在一起，编织进结合与联合、会所与聚会中；而是让人类种族个性化，人人都将特立独行，承认自身之内存在所有的可能性，承认自身之内所有的神性法则，组成完美整体的一部分。

　　当一个人这样看自己的时候，他就会看到这个内在的王国，不是在他的内心，而是在所有人的内心。我

第11课 你必须发自内心地相信自己

们必须设想：要完成我们决心要做的工作，其力量就存在于心智之中；但在我们把这项工作付托给心智之前，我们必须有一个清晰的观念：我们所要做的究竟是什么。为了让身体再生，我们必须推定或假设这个想法是对的：创造生命与健康的力量就在我们自己身上；我们必须懂得：它产生于何处，是如何产生的。

只要我们能理解这一点，只要遮蔽我们的无知面纱能够被掀起，并允许我们窥探知识的宝库，像允许先知和预言家们所窥探的宝库一样，只要我们能够攀上摩西所站立的地方，并放眼全景，只要我们能经历保罗在说下面这句话时所做的事情："我不知道我是在身体之内还是在身体之外"，我们就能够理解他所说的话："我们身上所显露出来的光荣，眼睛未曾看见，耳朵未曾听见，人心也未曾想到。"

18 大脑就是这样一种器官：我们凭借它与身体的其他器官交流想法，并通过感官从外部接收印象。伟大的人之所以能发展出比一般人更为精密的大脑品质，就在于他们拥有不同于一般人的伟大思想。这使得人们认为，精密的大脑才能诞生伟大的心智，如果他们能把大脑当作容易腐烂的身体上其他器官一样看待，他们就会知道：它只是赖以表达心智的器官，仅此而已。

19 当我们抱持一种信念，这种信念便进入并控制了我们的心智。一个在贫困中辛苦挣扎的人，只要增强他的信念，就一定能挣脱贫穷的镣铐。

20 暗示的影响力在于它的控制性，必须是一种未受干扰的正面暗示；被接受暗示的人必须将其看作生命中固有的，绝非能轻易改变或修正的。

21 还有一种应用暗示原则的方法，蒙大拿州汉密尔顿市的J. R. 西沃德先生描述过这种方法。他说：

> 我是个36岁已有家室的男人，家人为我摆脱了烟草而感到高兴。我嚼了（或者毋宁说是吃了）15年的烟草。一开始我并非想要形成嚼烟草的习惯，而是认为它有助于我长大成人。在这个习惯不受阻挠地发展了几年之后，我发现，自己被一只行动迟缓却不断长大的章鱼给牢牢抓住了，我身陷其中，不能自拔。
>
> 我在一家木器店里做木工手艺，所有木工都知道，木材中有某种东西让人想嚼烟草。当我染上这一恶习的时候，我一天到晚都在嚼烟草，起初能得到强烈的满足，后来就不满足了，我开始很想知道自己会走向何方。慢慢地，我意识到自己已经成了烟草的奴隶，我开始考虑减少烟量，或者彻底戒除。
>
> 我马上就要向你解释我妻子帮我戒除恶习的方式，并让我们确信：如果应用恰当的话，暗示所具有的神奇力量。
>
> 大约在我最消沉的时候，某部著作引起了我的注意，这部书讲到了受控制的思想所具有的力量，我开始对研究这个很感兴趣，但当我阅读、思考并开始在我们的日常生活和环境中寻找证据的时候，我逐渐了解了真相。我开始懂得，生命现象是被内心所养育、从内心中生长出来的，如果内心处在腐朽的状态，它总是会在外部显示出来。事实上，如今我懂得了耶稣基督的话"他心如何思量，他为人就如何"是什么意思。如果你认为自己是烟草或其他不良习惯的奴隶，你就会是奴隶。你

当我们抱持一种信念，这种信念便进入并控制了我们的心智。

第11课 你必须发自内心地相信自己

必须认为自己一直是自由的。

但是，要让一个人想象自己远离一种像思想本身一样紧紧缠住他的习惯，是一件很难的事，别人帮不上忙。在我们为了戒除我的嚼烟习惯而试着暗示的时候，我和一个孩子睡在一间卧室里，而我妻子则和我们当时最小的只有8个月大的孩子睡在另一间卧室里。像往常一样，她在夜里不得不经常起来照看孩子，正是在这个时候，她趁我睡着给我做精神治疗。

不必在同一个房间里，尽管那样也很好。在我熟睡的时候，她会设想自己仿佛就站在或跪在我的床边并对我说话。她的暗示是建设性的、正面的，而不是负面的。就像这样："如今你渴望摆脱嚼烟的习惯；你是自由的，渴望并享受控制，而不是沉溺；明天你会只想要平常一半的烟量，而且每天都会减少，直到你在一个礼拜内彻底摆脱它，再也不想烟草了。你是主人，你是自由的。"

每当她在夜里醒来的时候，都对我做上述暗示，而我则发誓在她开始治疗之后的六天之内彻底放弃对烟草的渴望，彻底戒除嚼烟。

那是几个月前的事了，今天，在生活中我已经比从前更能控制思考和言行的习惯。我已经从一个瘦弱不堪、神经崩溃的人，变成了一个体格健壮、精力充沛、思维清晰的人，每一个认识我的人，都注意到了我的外貌和举止发生了多么大的变化。打那以后，我就开始从事建设性的定向思维的研究和实践。

22　众所周知，人们在无线电报或电话中使用了一种被称作"调谐线圈"的装置，能产生与一定波长的电波相和谐的振动。它跟波的特殊音调合拍，因此是和谐的，能够使振动畅通无阻地走向接收装置。与此同时，还有其他"音调"更高或更低的其他无线电波振动经过，只有那些和谐的振动才会被接收器所记录。

23 几乎同样是以这样的方式，我们的心智通过意志力来控制我们的"调谐线圈"。为了达到和谐，我们可以根据低频振动的思想（比如动物的自然刺激）调整我们的心智，也能依据教育性的或精神性的思想加以调整，又或者，在满足某些条件后，索性让自己成为纯粹的接收装置，单一接收精神性的思想振动。人就是拥有这样的"神力"。显然，一旦这一建设性的定向思维得不到应用与可视化，不要说金碧辉煌的大厦，哪怕仅仅是一幢粗糙简陋的茅屋也绝不可能存在于我们的视线之中。

> 我们把大部分思想和精力都投放到那些没有生命的物体上了，以至于许多人根本就没有想到精神便浑浑噩噩地在这个世界上走一遭。

24 所谓推销术，其实就是对暗示的理解和巧用。用得巧妙，往往能松懈对方的显意识注意力，激活并加速他的欲望，直到他做出赞同的响应。正是因为正视到了这种把暗示推入欲望中心的力量，才诞生了橱窗展示、柜台展示以及图画广告等花样翻新的推销方式，通过这些方式，暗示变得愈发强烈，一旦跟欲望的思想振动相和谐，就会强力促使行动的付诸实施。一旦暗示并未得到认可，或者跟欲望表现出不和谐，那么，它就像是"一颗落在石头地里的种子"，不会产生任何果实。

25 所以说，想法加行动能直接导致结果，这样的关系无疑体现在建筑师和他的设计图中、裁缝和他的图样中，以及学校和它的产品中，产生的结果全都与主要的建设性思想相和谐。生活成功的程度，思想的质量是决定因素。

第11课 你必须发自内心地相信自己

第 12 课　人人都是自己的心理医生

LESSON TWELVE

1　麦克白问医生："你难道不能诊治那种病态的心理吗？"——但这一段用来解释心理分析实在是再合适不过了，以至于我不得不把它完整地抄在这里：

　　麦克白：你难道不能诊治那种病态的心理，从记忆中拔去一桩根深蒂固的忧郁，拭掉那写在脑筋上的烦恼，用一种使人忘却一切的甘美的药剂，把那堆满在胸间、重压在心头的积毒扫除干净吗？

　　医生：那还是要倚仗病人自己设法的。

2　我们常常患上某种形式的恐惧症，其起因可以一直向前追溯到孩提时代；很少有人能免于某种形式的厌恶感，或"病态心理"，不管受害者愿意与否，这种影响每天都在发生。在某种意义上，潜意识不曾停歇，收藏着哪怕是点滴不愉快的记忆；与此同时，显意识在努力保护我们的尊严（也可以称作虚荣，随你怎么称呼）的时候，发展出的原因比最初的看上去更好。

3　由此形成了病态心理。有位患者由于在孩提时候听到过大炮在离她很近的地方轰鸣，于是患上了"恐雷症"。这件事她已

经"忘却"了许多年,要承认这样一种恐惧,即使是只对自己承认,都显得有些孩子气。无疑正是这种伪装,使得心理分析师很难将这种根深蒂固的悲伤从患者的记忆中连根拔起,抹去那由来已久的烦恼,这些才是它的"创伤",或最初的打击。希腊语单词Psyche的意思不仅是"头脑"而且还是"灵魂",如果我们还记得,将便于我们更好地理解莎士比亚对心理学的透悟,因为他不仅说出了"病态的心理",而且还淋漓尽致地道出了"重压在心头的积毒"。

4 诸如此类的病态心理,其实我们每一个人都会有,都曾有,只是形式有所差别:或温和,或剧烈。因为厌恶某些食物,所以患上畏食症;因为害怕锁上的门,所以患上幽闭恐惧症,与此相对的,还有人害怕开阔的空间,会怯场,害怕触碰木头及其他迷信。这些五花八门的病态心理一时很难一一列举完整。

5 对于绝大多数病态心理,患者必须进行自我治疗。当然,这种治疗需要在有经验的心理分析师的帮助下进行。某些病例还需要精心设计治疗步骤,利用心理测试仪及其他精密的记录装置,但过程往往并不复杂。首先让患者彻底放松身体,安抚心灵;然后告诉他,把他头脑中浮现出来的、跟其病态心理有关的东西全部说出来——其间,心理分析师会给予适当提示和询问。那些已经根深蒂固的最初的原因或经历,在联想的召唤下会慢慢浮出水面;很多时候,仅仅是解释就足以根除那深深的困扰。

6 还有一组既是心理也是身体(或者二者可以互相引发)的紊乱——歇斯底里。理查德·英格勒斯在《心智的历史与力量》(*The History and Power of Mind*)一书中将这一问题总结得非常清楚:"疾病可以分为假想的病和真正的病。假想的病其实仅仅是一幅精神图景，却牢牢占据着患者的头脑，导致身体上的相应变化；产生这种疾病的原因，通常在于完全忽视解剖学或生理学的规律，难以治愈，因为这幅图景在拥有者心智中的地位难以撼动，因此，要进行治疗，必须首先彻底修正他的思维方式。一位声称自己有肾病的患者，探测到疼痛，生病的器官却在腰部几英寸之下，这样的情况其实并不少见。脾脏常常被猜想在身体的右侧，幻想中的肿瘤出现又消失。但是，一旦抱持这些精神图景的时间太长，就会创造出母体组织或旋涡，那些起初纯粹是假想的因素，最终会导致实际的疾病。"

> 疾病可以分为假想的病和真正的病。假想的病其实仅仅是一幅精神图景，却牢牢占据着患者头脑，导致身体上的相应变化。

7　大量的疾病追根究底都是由于抑制常规欲望，或者是由以往个人生活中的失调而引起的。心理分析一般都立足于这个假设。在类似病例中，疾病的根源往往隐藏得很深，甚至隐藏了许多年，必须彻底探查。

8　心理分析采取的手段，可以是通过梦境，或者是对梦境的解释，抑或通过询问患者过去的经历，以此来探查这样的难点。一名训练有素的分析师，首先要得到患者的信任，产生友好的亲近感，能让患者袒露自己哪怕是最隐蔽的经历。

9　患者一旦记起了某段特殊经历，作为心理分析师，就要趁机鼓励他详细谈论经历过程，让它从潜意识中逐渐浮现出来。然后，分析师要让患者清楚地看到导致他的疾

第12课 人人都是自己的心理医生

病的根本原因所在，同时让他知道：只要彻底消除病因，伤害就会立即结束。

10　这就好比肉体中的外来物质。一个可怕的肿块，发炎、疼痛、让人苦不堪言；外科医生切除了肿块，剩下的就是等待时间的愈合了。心理的规律亦然。潜意识中如果真的存在什么异常活动，或者某些痛处正在发生溃烂，年复一年，只要运用精神分析给它定位、消除精神症结，并展示给患者看，精神疏导便大功告成。

11　休·T. 帕特里克医生是西北大学医学院神经与精神疾病临床学的教授，他提到的几个病例十分有趣：

　　恐惧的因素，在很多官能神经性紊乱的病例中，影响力不可忽视。但在许多病例中，尽管病情同样重，这一因素却不是那么明显。后者当中有多个种类，可以分成许多组。一组患者从体形上看都很有胆量。几年前，有人跟我提到一个人，他在拳击场上大名鼎鼎，可以说是无所畏惧，是一个特别不爱操心的人，夸张一点，甚至可以说是无忧无虑。他就患有一些颇为令人困惑的神经症状，尤其是失眠症，缺乏兴趣，喜怒无常。通过细心地分析很快发现：某些微不足道的症状（起因于奢侈的生活和家庭摩擦）使他形成这样的意识：自己正陷入精神错乱。这种恐惧占据了他的灵魂，无法摆脱，让他无心做任何事。然而，患者本身丝毫没有意识到他的烦恼其实就是一种病，当然他的医生也忽视了。

　　正因为如此，他们根本无法从身体上治好这种病，不得不进行精神上的分析，从潜意识中找出恐惧的原因，并将它彻底暴露在患者面前。当患者得知病因时，其效果无异于从我们红肿的眼睛上拔下一根睫毛让你看。烦恼就此消失，因为你确信：病因已经被消除，你当时就将它忘记了。

在怀俄明州有一位绵羊牧场主，他说自己患上了失眠症、厌食症、肚子疼、经常神经过敏，根本无力照料牧场。他的问题，其实是恐惧胃癌。这种恐惧使他勇气丧失，导致他对自己身体感觉的极度夸张。

这位牧场主原本就不是一个懦弱的人啊。我曾经在一次关于他的买卖的交谈中听说过一件事：有一段时期，绵羊养殖被西部的牛仔们搞成了一项危险职业。在那些年头里，尽管他睡觉时一直随身携带一支来复枪，但他依然生活得很平静。一次，他得到通报，说有三位牛仔已经动身前来"逮他"，消息确凿。于是他武装完毕，飞身上马前去会见。用他自己的话说，他成功"说服他们离开此地"，三个未遂的刺客打马转身，疾驰而去。他在这次遭遇中没有丁点儿的忧虑或者是不安。

> 因为这幅图景在拥有者心智中的地位难以撼动，因此，要进行治疗，必须首先彻底修正他的思维方式。

12　站在身体的角度上说，他很有胆量，但一旦内部机体似乎出了点什么毛病时，他就束手无策了。医生一确定他害怕的根源，马上向他表明（大概借用了X光片或者诸如此类的媒介）：其实他什么病也没有。接着把患者的注意力转移到那个其实根本就不存在的恐惧上，医生让患者确信：他的恐惧没有任何根据。

13　还有一个病例：一位49岁的警察不幸患上了失眠症，头疼、神经过敏，体重下降，一时难以治愈。他不是一个疑神疑鬼、容易恐惧的人。他多年来执勤的地方一直都是芝加哥市治安最糟糕的地区之一，由于对罪犯熟悉，他总是被派去搜捕最恶劣的罪犯。他参加过的枪战不计其数。一次，一位恶名昭著的枪手近在咫尺，对着他的脑袋开火。所有这些，他都镇定自若，不曾畏惧。可是一遇到他的病，他却不折不扣地屈服了。恐惧由此而来：一个心怀叵测的恶人控告他处置失当，他为此遭到了审判委员会的传讯。

14　这让他陷入了极度的烦恼之中。深感无辜，觉得耻辱，害怕自己因传讯而被迫停职，甚至被解职。他彻夜难眠：担心失去自己原本应得的好名声，担心危及自己的家庭，更何况家里的房子有一笔抵押贷款。渐渐地，他的头部开始产生不适感，接着他觉得自己很不稳定。就在这个关键时刻，他的朋友同情地告知：一个人的烦恼会导致精神病。这中间有几个步骤：担心丢脸，担心破产，担心发疯。但患者自己能确切明白所有这一切吗？不会。他沉溺在自己的焦虑紧张中，他一味地忍受痛苦，丧失了信心，迷失了方向。

15　当医生向他展示从他的潜意识中挖出的病根时，目的就是要让他清楚地明白：所有的恐惧都源于他的内心。于是，他下定决心要将这些恐惧连根拔起，自然而然的，他的病痊愈了。

16　潜意识心理生病的方式是慢性的，它发病通常是因为某种通常持续了许多年的精神经历，他一再地深埋这段经历，才最终导致了这种疾病。这构成了潜意识中的——是精神上而非身体上的——专业术语被称作"脓肿"的东西。

17　一个女人多年来全身虚弱，病症一直没有任何好转的倾向。心理分析师开始询查病因。他开始念一些单词，向她的思想里灌输一系列概念："桌子，书，地毯，华人。"当他念到"华人"这个词时，患者的表情突然显得有些吃惊，分析师问：这个词勾起了她怎样的回忆，为什么会觉得吃惊呢？女人回答：在她童年时，她总是和一位要好的玩伴在一家中国人的洗衣店附近玩耍，当那个中国人通过大门时，她们打闹着向他扔石子，算是一种骚扰吧。一天，那名中国人突然手持一把大餐刀追赶她们，吓得她们魂飞魄散。心理分析师确定找到了病症所在。事不宜迟，他开始对着她念更多的词，当念到了"水"这个词时，女人再次呈现出惊恐的表情，讲起了也是在她的童年时代发生的一件事。一天，她跟弟弟一起在码头上玩耍，无意中把弟弟推下了水，弟弟被淹死了。那是许多年前的事，当时她还很年幼。医生问她直到今天是不是还无法忘怀这些事？她回答："不，我很多年前想起过这些，可能是15年前，也可能是20年前。"

> 完整的记忆一直存在于潜意识心智中，刚出生时就已经装配完备。

18 听到这样的答案，医生似乎找到了治疗她的途径。当时她住在一家疗养院，由一位护士照料。医生对她说："我要你每天都跟护士讲述关于中国人，还有你弟弟的经历，不停歇地一直讲，直到你讲得再也没有任何感觉，也不会因此而发生任何的情绪波动。之后，在两三周之内再来找我。"她遵从医生的吩咐去做了，就在第六天的时候，她痊愈了。反复讲述这些经历的效果使得它对显意识心理来说不再具备丝毫的影响力，当然也无法激发任何的感情。暗示就这样一点点进入潜意识，直到对这些事情的感怀不再，才最终打破了这持续了二十多年

第12课 人人都是自己的心理医生

的恐惧，潜意识中的病态心理也因此而消失。

19　完整的记忆一直存在于潜意识心智中，刚出生时就已经装配完备。每个新生的婴儿都从祖先那里顺理成章地继承到了某些特质。这些特质被带入潜意识中，当个体的生命或健康需要它们时，它们就挺身而出，发挥作用。

20　人的出生、成长、生活、死亡，这一切的一切都是那么顺其自然，就如同树会开花、结果，然后瓜熟蒂落一样。当我们遇到某种状况，潜意识都会处理，即使受到干扰，它也能做出补救。有些事情即使你自己已经忘掉了，但潜意识心智仍然会帮你全部保留；当显意识心智不考虑问题的时候，潜意识心智就会在第一时间苏醒过来。

21　忽视一个问题是怎么回事，这个不难知道。当我们熟睡时，潜意识却不停止工作，正在解决它；又或者，当我们不小心丢了东西，着急上火，却怎么也找不到，一旦显意识感到绝望并放弃寻找，我们遗失东西的地方就会轻而易举地从潜意识中立刻浮现出来。

22　还有，如果你遇到了什么困难，只要你能说服你的显意识心智放弃此事，不再为它焦虑，不再担心，停止紧张和挣扎，你就会在潜意识的带领下摆脱困境。潜意识总是倾向于健康与和谐的境遇。比如，不会游泳的你淹没在水里，只会下沉。当救生员靠近来拯救你的那一瞬间，如果你紧紧搂住他的脖子，就会妨碍他的手脚活动，会给拯救行动增加难度，甚至还会导致失败。然而，只要你放心地把自己完全托付给他的双手，他就会把你带出水面。值得肯定的是，每一次困境中都会有潜意识的存在，它扮演的正是这个救生员的角色，能给你帮助，只要你能说服你的显意识停止紧张焦虑，消除担心，放弃挣扎，你就会在潜意识的指引下走出困境。

23 设想一下，如果显意识心智任由自己对每一件鸡毛蒜皮的小事都很生气，每次它发怒，刺激就会转向潜意识。一次又一次的刺激，让潜意识每一次都被搅动。愤怒不断叠加，很快，潜意识便养成了习惯，阻止的力量就越来越弱了。当这种情况持续下去，显意识心智就很容易受到来自外界刺激的影响以及来自内部的习惯刺激，作用与反作用的结果，让愤怒变得更轻易，而防止愤怒却变得更困难。显意识心智的每一次生气，都会给潜意识带来额外的刺激，而这一刺激会激励再次生气，从此进入到一个恶性循环。

> 如果你遇到了什么困难，只要你能说服你的显意识心智放弃此事，不再为它焦虑，不再担心，停止紧张和挣扎，你就会在潜意识的带领下摆脱困境。潜意识总是倾向于健康与和谐的境遇。

24 愤怒属于一种异常状态，而任何异常状态其本身就包含了惩罚，在身体中某个抵抗力最小的地方，这种惩罚会迅速反应。比如，如果你的胃不好，就会患上急性消化不良，并且最终变成慢性的。有些人会患上布莱特氏病，还有人会患上风湿病，诸如此类。

25 很明显，这些状况都是结果，一旦原因被消除了，结果紧跟着也就会消失。如果你知道想法是原因、状况是结果的话，你就会立即决定要控制自己的想法，消除愤怒及其他不良的心理习惯；当真理之光逐渐变得清晰而完美时，习惯以及与之相关的每一件事情都会被抹去，宿疾就会在无声中被摧毁。

第12课 人人都是自己的心理医生

26　不仅仅愤怒是如此，恐惧、嫉妒、欺骗、肉欲、贪婪，无一例外，都会变成潜意识，并最终导致身体呈现出某种病态。有经验的心理分析师，会根据疾病的特征找到病因所在。

27　在《我们的潜意识心智》（*Our Unconscious Mind*）一书中，弗雷德里克·皮尔斯这样告诉我们：

> 众所周知，一切事物或多或少都是容易受暗示影响的。对暗示的反应，既可以是正面的，也可以是负面的，既可以是接受，也可以是抵抗。在这里我们不难看到一种属于潜意识的抑制力。对于犯罪者来说，某类犯罪的流行就显示了对暗示的模仿反应，报纸上的详细报道，还有来自四面八方的关于暴行的大量讨论，无疑都是灌输这种暗示。
>
> 于是，强烈的原始冲动被唤醒，冲破最初的潜意识抑制力（这种抑制力在有犯罪倾向的人身上表现比一般人更弱），停留在潜意识中，不断膨胀，最终变得非常强大，强大到足以战胜对惩罚的恐惧，从而完全控制人的行为，导致犯罪。而一般人，因为拥有更强大的潜意识抑制力，即使遭遇同样的暗示，也会做出消极的反应，以愤怒及希望惩罚犯罪的形式，将那些被唤醒的原始冲动的能量完全释放，最终当然也就根本不会走到犯罪这一步。针对这种情况，我们会发现一个很有意思的现象：人们常常会要求以比犯罪本身更强烈的原始暴力对犯罪进行惩罚。这种现象在心理分析师看来，其实是一种个体用来增强其潜意识抑制力的方法。

一切真正有智慧的思想，都已经被人们想过无数遍；但要让它们真正成为自己的，我们就必须再真诚地重想一遍，直到它们在我们的个人经验中扎下根来。

——歌德

第 13 课 设想美好的精神图景

LESSON THIRTEEN

1　几乎所有的大学在多年以前就开设了心理学课程，对心理学的研究也显得日益重要。心理学的内容包括对个人意识的观察与分析、认知与分类，但这种个人的或显意识的自我意识心智，却涵盖不了心智的全部内容。

2　通过对初生婴儿的研究，科学家们惊奇地发现，在婴儿身体的内部，持续地进行着高度复杂、井然有序的活动。但是就婴儿本身来说，婴儿的显意识心智并不足以认知这些活动，不能引发或维持这些活动，也不懂得设计这些活动。然而，所有这些活动都表现出了智能，非常复杂、高度有序的智能。在大多数情况下，婴儿的周围没有谁略微懂得在肉体生命的这一高度复杂的过程中到底在发生什么。

3　通过仔细研究人体中正在发生的心脏的跳动、食物的消化、腺的分泌和排泄等所有复杂的过程，科学家得出了这样的结论：人的体内存在一种具有高度智能的心智命令控制着这一切，就像一股无形的力量，这种在数百万组成身体的细胞中发挥作用

的力量正是心智。更确切地说，它是潜意识的，因为它是在我们所谓的"意识"的表面之下发挥潜移默化的作用。

4　为了便于研究实验，科学家将潜意识心智分成两个层面。第一种层面上的潜意识跟每个个人相联系，在某种意义上它可以被视为人的潜意识；但在更深的层面上，它又并入了所谓的"普遍潜意识"，或者说并入了"宇宙意识"。为了阐述这个问题可以举一个形象的例子：你不妨想想密歇根湖面上那些高出波谷层面的波浪，它们代表了许许多多个体潜意识；然后，你再想想与其他水面处于同一水平的一小块水体，但在某种程度上却跟着波浪一起流动。表面上看与其他水体并没有任何不同，但其底部又并入了其下最深的层面的不流动的大水体，很难把它们明确区分开来。那么，湖中这三个层面的水可以用来说明你的个体意识（或自我意识）、个体潜意识和普遍潜意识（或宇宙意识）。好了，现在我们知道，从宇宙意识中涌现出了个体潜意识，而从个体潜意识中涌现出的是个体意识。

5　每个人在天真的孩提时代，所有的行为几乎都是由潜意识控制的，但随着年龄的增长和心智的发育，显意识开始崭露头角，人们在不知不觉中变得有意识了，但依然只在某种程度上意识到了显意识规则的存在。这些规则表现为正义、真率、诚实、纯洁、自由、仁爱，等等。他开始把自己跟这些东西联系起来，越来越受它们的控制，显意识逐步取代潜意识占领主导地位。

6　没有人刻意地努力成长，也没有人能准确注意到生长的细节，因为生长的过程是一个潜意识过程，我们并没有有意识地执行生命的过程，所有复杂的自然过程——心脏的跳动、食物的消化、腺的分泌——都需要高度发达的心理和智能。个人的意识或心智没有能力处理这些错综复杂的难题，因此，它们是由"普遍适应的理念"控制的，这种普遍适应的理念，在个体的身上我们称之为潜意识。心智是一种精神活动，而心智是创造性的，因此潜意识心智不仅控制着所有的生命功能和生长过程，而且也是记忆和习惯的栖息地。

> 从宇宙意识中涌现出了个体潜意识，而从个体潜意识中涌现出的是个体意识。
>
> 潜意识心智不仅控制着所有的生命功能和生长过程，而且也是记忆和习惯的栖息地。

7　"普遍适应的理念"有时候被称作"超意识"，有时候被称作"神的心智"。潜意识有时候被称作主观心智，而显意识则被称作客观心智，但要记住，词语只不过是携带思想的容器，而语言本身是没有思想的。得意妄言，恰恰说明了这一点。

8　潜意识之所以被称为"潜"意识是因为它的作用不是可见的，在这种精神作用持续不断地发生的时候，我们通常完全没有意识到。因为这个原因，它被称为心智的潜意识部分，以区别于显意识那一部分，这部分是通过我们能意识到的感知来发挥作用的，我们称之为"自我意识"。显意识存在于思考、认知、意愿和选择的力量。自我意识，就是知晓自己是一个思考、认知、意愿和选择的个体所具备的能力。大脑是显意识心智的器官，脑脊髓神经系统是显意识心智赖以跟身体的所有部分建立联系的神经系统。

9　两个截然不同的神经系统——脑脊髓神经系统与交感神经系统在身体中存在，它们有各自的领地并在自己的职权范围内各司其职，它们共同为两种心智部分做好充分的准备。

10　和人身体内其他执行不同职能的器官和系统一样，这两个神经系统的功能和活动都是不同的，脑脊髓神经系统是自我意识的专属，而交感神经系统则被潜意识所使用。交感神经系统是潜意识用来跟感觉和情绪保持联系的工具，因此，潜意识对情绪而不是对理智做出反应，因为情绪比理智要强大得多。因此，个体意志所采取的行动，常常跟理智所发出的指令背道而驰。

11　但是这两个系统又不是截然分开，毫无关系的，相反二者之间关系非常紧密，存在着交互作用的交集。显意识和潜意识只是与心智相关的两个作用面。潜意识跟显意识的关系，与风向标跟大气的关系完全类似。大气的微妙变化会在风向标的方向中显现出来，同样，显意识心智所抱持的最微不足道的想法，也会在显意识心智中引起相应的变化，其变化与显意识想法中感受的深度以及放纵这一想法的强度成正比。因此我们发现，在两个心智部分的功能和活动都不相同的同时，它们之间又存在一条非常明确的活动路线，既相区别又有联系，符合对立统一规律。

12　潜意识心智的主要任务，就是保护个体的生命和健康。因此它监管着所有的自动功能，比如血液循环、消化、所有自发的肌肉活动等。它把食物转换为构建身体的合适材料，以能量的形式回馈给有意识的人。有意识的人在智力劳动和体力劳动过程中利用并耗尽了潜意识智能所提供给他的能量。

13　为了使读者能够更加透彻地了解潜意识的循序渐进的累积的作用，我们可以用下面的方式加以说明。设想一下，你端来一盆水，用一根小木棍沿着盆边搅动盆里的水。最初你只能在木棍周围搅起波纹，但如果你一直持续这个动作，水就会逐渐把你施加在木棍上的力量一点点累积起来，不久你就会让整盆水都旋转起来。这时，如果你放开木棍，水就会携带着这个最初让它运动起来的工具一起旋转；如果你抓住木棍让它立在水中，你就会真切地感受到水流的势力，似乎想克服你所施的阻力，甚至有把木棍和你的手一起向前移动的趋势。为了进一步测算水流的力量，把水搅动起来之后，你决定不想让它旋转，或者让它向相反的方向旋转，那么你就用木棍向相反的方向搅动盆子里的水吧，你会发现有很大的阻力，你会发现要想让水停下来需要很长的时间，而要让它朝相反的方向旋转，则阻力更大，需要的时间更长。虽然开始时你是以极小的力来搅动盆里的水，但是当水把你施加的力累积起来以后就会变得非常强大。

> 无论潜意识心智做什么，如果反反复复地做，潜意识都会把它累积起来，成为合力。
>
> 任何层面的活动，只要进入人类显意识的范围之内，都是这样。任何经验，无论对我们有益还是有害，是善还是恶，也都符合这一规律。

14 从上面的实验我们很容易得出这样的结论：无论显意识心智做什么，如果反反复复地做，潜意识都会把它累积起来，成为合力，就像盆里的水一样。潜意识所接收的任何经验都会被搅动起来，如果你给它另一个同类经验，它就会把它添加到前面的经验上，就这样一直无限期地累积它们，一点一点地积少成多，最后会出现令人吃惊的效果。任何层面的活动，只要进入人类显意识的范围之内，都是这样。任何经验，无论对我们有益还是有害，是善还是恶，也都符合这一规律。潜意识是一种

第13课 设想美好的精神图景

143

精神活动，而精神是创造性的，因此潜意识创造了适合于显意识心智所接纳的习惯、状况和环境，为显意识发挥作用提供了基础。

15 如果你想收获苹果，首先就要种下苹果的种子。这个规律不分对象的高低贵贱，对谁都一视同仁。如果我们有意识地接纳与艺术、音乐和审美领域相关联的想法，如果我们有意识地接纳与真、善、美相关联的想法，那么我们就会发现，这些想法在潜意识中扎下了根，我们的经验和环境，就会成为显意识心智所接纳的想法的反映。然而，如果我们接纳了仇恨、嫉妒、羡慕、伪善、疾病以及任何种类的匮乏或局限的想法，将会发现，我们的经验与环境像投影仪一样在我们的思想中产生投影。我们可以随心所欲地思考，但思考的结果受到一个永恒法则的控制。俗话说："事情本无好与坏，全在自己怎么想。"不可能种瓜得豆，只能种善因得善果，种恶因得恶果，这是永恒不变的自然法则。

16 人的思想系统就像是一个过滤器，任何试图进入精神领域的想法，如果其本性是破坏性的，那么它很快就会被有着建设性倾向的想法所取代。因为两件事情不可能同时发生于同一空间中。事情如此，思想亦如此。正如安德鲁斯的断言："我完整、完美、强大、有力、热爱、和谐而幸福。"或者库尔医生的断言："日复一日，方方面面，我正在越来越好。"

17 我们要把安德鲁斯和库尔医生的话铭刻在脑海中，不断重复，直到它们变成自动的或下意识的。身体状况只是精神状况的外在表现，很容易看出，通过有意识地在内心默念断言中所表达的思想，在较短的时间里，状况和环境就开始变得与新的想法相一致了。

18 运用同样的原则，也可以反其道而行之，就会收到相反的效果。一些人践行了这一理论，证明了这一论断的科学性。由此可知，如果你否认令人不满的境况，打消对不佳境遇的苦思冥想，就会逐步而稳妥地结束这些境况，也就是在把你思想的创造性力量从这些境况中撤走，是在连根砍断它们，让它们的活力枯竭，最终从你的视野里消失。

> 身体状况只是精神状况的外在彰显，通过有意识地在内心默念断言中所表达的思想，在较短的时间里，状况和环境就开始变得与新的想法相一致了。

19 有些行动的效果有滞后性，不会立竿见影地显现出来。生长的规律，必然控制着客观世界里的所有彰显，所以，否认令人不满的境况，并不会立即带来改观。一株植物在根部被切断之后，还会维持一段时间的青翠本色，但它会逐渐枯萎，最终凋零。这个过程，与我们自然而然地倾向于采取的方式完全相反。因此它会带来完全相反的效果。大多数人都把自己的注意力集中在那些令人不满的境况上，因此给这种境况带来了旺盛生长所必需的能量和活力，激发人去努力改善不利于自己的环境。

第13课 设想美好的精神图景

第 14 课 你所期望的，就是你将得到的

LESSON FOURTEEN

1　创造已经成为我们这个时代的主题词，是把互相之间有亲和力的力量以合适的比例结合起来的艺术。比如，氧和氢以合适的比例相结合就成了水。氧和氢都是看不见的气体，但水却是具体可见的。

2　思想者提出的一个想法，遇上了对它有亲和力的其他想法，这两个想法就会结合起来，组成一个吸引其他类似想法的核心。这个核心发出的召唤形成了无形的能量，其中的所有想法和所有事物都紧密联系在一起，很快就会披上形态的外衣，这一形态与思考者赋予它的特征相一致，却比初始的形态更系统，更有说服力。

3　战场上可能有一百万在死亡和磨难中痛苦挣扎的人产生仇恨和悲痛的想法，而另外的一百万人可能死于一种被称作"流行感冒病菌"的侵害。只有经验丰富的精神疗法专家，才知道这种致命的病菌何时出现，在什么条件下出现。然而，细菌是有生命的，因此它们必定是某种拥有生命或智能的东西的产物。精神只是宇宙中的创造法则，思想只是精神所拥有的活动。因此，细菌必定是精神过程的结果。

4　人类的思想不受时间和空间的限制，无比辽阔，想法是多种多

样的，因此相应的也有多种多样的精神细菌，既有建设性的，也有破坏性的。但无论是建设性的细菌，还是破坏性的细菌，在它们和我们的思想结合之前，都不会生根发芽、旺盛生长，不会对我们产生作用。

5 每个人的思想都是一个开放的空间，个体可以敞开他的精神之门，从而可以接纳各种各样的想法。所有想法和所有事物都包含在"普遍适应的理念"中。如果你认为有术士、巫婆或神汉想要害你，你也就为这些想法的进入敞开了大门，你就可以说约伯那样的话了："我所害怕的事降临到了我的身上。"相反，如果认为有人想帮助你，你便为这样的帮助敞开了大门，而你会发现："照你的信心，给你成全了。"(《新约·马太福音》第8章第13节)这句话，在今天像在两千年前一样灵验。无论是建设性的想法还是破坏性的想法都是得到了你的许可后才对你的精神产生影响的。

6 托尔斯泰说："理性的声音越来越清晰，让人可以听见。从前，人们说：'别去想，而是要信。理性会欺骗你，只有信念才会让你通向真正的幸福生活。'于是你试着去相信，但没过多久，通过跟别人的交往你发现：每个人所相信的是完全不同的东西，因此你就不可避免地面临着选择：你必须决定在许多的信念中你到底要相信什么，而唯有理性才能做出这样的决定。"

7 规律是自然的法则，宇宙是一个完整的体系，被各种各样的规律所控制，所以，当我们看到有人通过心理方法或精神方法获得了特殊结果的时候，理性就会告诉我们：我们全都可以做同样的事，对于每一个不辞艰辛探寻事实的人来说，这一点是显而易见的。所有表象，都受被我们视为普遍规律的法则的控制，在这些规律所彰显的表象中，人们认识到了系统、秩序与和谐。因为规律对每个人都一视同仁，无论何时，无论何地，这样的事情每天都在重复上演。

8　科学知识武装了人类的头脑，让我们明白，所谓的物质，存在着等级的差别，从最粗糙的可视状态，到最精微的，都跟精神有着密不可分的关系。因此我们看到，在心智的统治下，被抽象提炼的物质元素服从于它的控制。就其本身而言，物质并没有意识或感觉，只是当它受到与支配其行为的规律相一致的精神或心智的控制时，当精神、心智对它产生作用时，它才是能动的，才有了存在的意义。

> 思想者提出的一个想法，遇上了对它有亲和力的想法，这两个想法就会结合起来，组成一个吸引其他类似想法的核心。

9　正如普遍适应的理念统治并支配着宇宙一样，对人来说它也注定要统治并支配由它所创造或发展出来的"生命宇宙"——所谓的"永生神的殿"（《新约·哥林多后书》第6章第16节），是无穷宇宙的一个缩略版或精华版。

10　和谐、幸福、安逸和健康，是人类不断追求的终极目标，如何达到这个目标是一门"知识"，智慧就是对这一知识的恰当运用。无知就是掩盖着真理之光的黑暗，只有当我们懂得了心智对物质的控制作用，才能推翻无知的黑暗统治，使真理之光重新照亮整个世界。

11　精神疗法医生不会给患者任何他能看到的、听到的、尝到的、闻到的、触摸到的东西。因此，对于执业者来说，无论以什么方式触及患者的客观大脑都是绝对不可能的。只能给患者心理暗示，向他发送想法。

第14课　你所期望的，就是你将得到的

12 客观心智是我们用来进行推理、计划、决定、表达意愿和采取行动的心智。纵使在没有物质媒介帮助的情况下触及显意识心智是可能的，显意识心智也不会接收。若非通过感觉的媒介，我们不可能有意识地接收别人的想法。医生总是暗示完美，这样的想法马上就会被客观心智看作是违背理性，因此不能接受，所以也不会有任何结果。

13 精神疗法医生所诉诸的是普遍适应的理念，而不是个体心智。精神疗法医生所利用的这种力量，是精神的，而非物质的；是主观的，而非客观的。因为这个原因，他所触及的必须是潜意识心智，而不是显意识心智。这一神经系统，控制着身体的所有生命过程——血液的循环、食物的消化、组织的构建、各种分泌物的制造与分配。事实上，交感神经系统延伸到身体的每一个部分。所有的生命过程都是在不知不觉中进行的。它们似乎是被故意带出显意识的领域，被置于一种不受无常变化的影响的力量的控制之下。

14 正如菠萝、凤梨指的是同一种东西一样，主观心智、潜意识心智、神的心智，意思也是一样的，只不过说法不同。它们指的是这样一种心智：我们在其中生存、活动、拥有我们的存在。我们通过意愿或意图跟这一心智相联系。心智是无所不在的，只要我们愿意，随时随地都能跟它建立联系，而无须考虑时间和空间等外部条件的局限。

15 精神既存在于我们的头脑中，也充满了整个浩瀚的宇宙。因为精神是宇宙的创造原则，所以，人的精神性的主观实现，以及由此带来的完美，都是由神的意志来完成的，最终彰显在个体的生命和经历中，使个体的心智也日臻完美。

16 另外一种观点会反驳说，世界上根本不存在完美，这种完美的理想状态是绝不可能实现的。诚然如此，但耶稣早就预见到了这种批评，他不是说过"在我父的家里有许多住处"么？也就是说，有许多程度不同的完美。这一规律尽管毫厘不爽，但也不是总能取得预期的效果。因为还要取决于操作规律的人的素质和心智。这样的能力，可不是一个刚刚开始认识其精神遗产的业余爱好者所能胜任的。如果操作者是个不学无术、毫无经验的人，随随便便地把想法抛出来，让它绕过理性的论证，直接使其具体化为切实的形态，这样出来的东西估计不会让人喜欢。能胜任这项工作的人，要能对最细微的振动做出响应，能听到"寂静的声音"，能分辨真实和幻象。知道在沙漠中跋涉时所看到的绿洲只不过是海市蜃楼，当他接近的时候，它会后退，而不会去盲目地追寻那并不存在的水源。真正的力量是非人的，它既可以造就"超兽"，也可以造就"超人"，造什么和怎么造，仅仅取决于操作者的主观意识。

> 无知就是掩盖着真理之光的黑暗，只有当我们懂得了心智对物质的控制作用，才能推翻无知的黑暗统治，使真理之光重新照亮整个世界。

17 出于天性，人类总是妖魔化自己不了解不清楚的东西。很多人并不懂得生命的基本原则以及应用这一原则的方法，因此也无法让这一原则为自己造福。在这样的情形下，他们只能指望依靠别人，当这种情况持续或频繁发生的时候，显意识中的精神因素往往会越来越弱，人的精神力量也变得越来越小，越来越被动。

18 哲学家、宗教家和科学家们反复地声称：不存在绝对的

第14课 你所期望的，就是你将得到的

真理，换句话说，要让一个人确信"真理"的创造性力量，唯一的方式就是通过实证，或者先假设真理是强有力的，然后在这个基础上做出证明。

19 我们认识任何一个事物都是从表象开始的，我们能观察到的也只有表象，深藏其中的本质要靠心智的分析。因此，对任何事物的特有表象的观察，以及建立在这种观察的基础之上的推论，构成了这一事物的知识。如果你观察并认识到了真理的某些特有表象，只能说你了解了真理的一个方面或一部分。如果你观察并细心地注意到了真理的全部特有表象，然后又感知到了贯穿这些表象的一致性，并认识到了它们的特征赖以为基础的法则或体系，那么，你对真理的认识就是完全的。此时你就可以宣称，自己已经掌握了这条真理。真理是一个人所能拥有的唯一可能的知识，因为不建立在真理基础之上的知识是假的知识，压根儿就不是什么知识。

20 那么，真理的特征又是什么呢？这是不容回避，无可争辩，来不得半点含糊的问题。大多数人的看法是：在哲学的意义上，真理是那种绝对的、不变的东西。真理必定是事实，那么就出现了第二个问题，而事实又是什么呢？一加一等于二，这就是一个事实，亘古不变，不容置疑。无论在美国、在中国、在日本，它都是真理，在任何地方、任何时间，它都是正确的。一个存在于事物本性中的事实，没有起点，没有终点，不受任何限制，它控制我们的行动和我们的商业运作。那些违背真理的人最终将受到真理的严厉惩罚。然而，真理不具备具体的形象，是一个你看不到、听不到、尝不到、闻不到、摸不到的事实，对于任何身体感官来说，它都是不可感知的，但不能因此而否认真理。它没有颜色、大小和形状，不能因此而怀疑真理的正确性。真理不受时间的限制，也不能因此否认真理的绝对性和永恒性。

21 东方的玄学家们向来明确阐述他们的观点，从来不会提出令人在精神上产生混杂的知识。他们不会把它教给孩子或年轻人，除非明确地把他们置于直接的控制或指导之下，就像西方的孩子在学校的智力生活中一样。在印度，当一个年轻人开始被传授精神上的东西的时候——规定在师傅门下受业七年，首先教给他的事情就是认清他要走的路线，他预先得到警告，要注意可能出现的危险，他的整个行程都会受到师傅的悉心守护，以防止他在早期阶段跌倒。

> 我们可以随心所欲地思考，但我们思考的结果受到一个永恒法则的控制。我们不可能种瓜得豆，只能种善因得善果，种恶因得恶果，这是永恒不变的自然法则。

22 如果你正在文明的阶梯上向上攀登，如果你进入了理解的学校，如果你看到了精神上的真理之光，你就应该比那些尚未达到这个程度的人知道得更多，你所肩负的任务也越重。造诣越高，责任越大，你的神经系统会自动地在更高的层面上把自己组织起来，把你提升为指导其他还未达到这一高度的人群的领袖。

23 只有那些上升到了精神层面的人才会清楚地知道，有许多的习惯做法必须丢弃，而在这样的理念下，通常，某些习惯可以轻而易举地被克服，它们甚至会自动消失。但是，当个人坚持在旧世界里活动的时候，他通常会发现："一家自相纷争，就必败落。"（《新约·路加福音》第11章第17节）他总是在吃够苦头之后才懂得：违反精神的法则一定会受惩罚。

第14课 你所期望的，就是你将得到的

第 15 课 心灵因思考而丰富

LESSON FIFTEEN

1　科学家们已经把人们生存的空间无限细化，在自然科学中把物质分解为分子，把分子分解为原子，把原子分解为能量，而 J. A. 弗莱明先生在皇家科学研究所发表的一篇演讲中继续把这种能量分解为心智。他说："在其终极本质中，除非把能量理解为我们所谓的'心智'或'意志'的直接作用的表现形式，否则人们就不可能参透它的真谛，不可能透彻地理解它。"

2　因此，宗教不总是迷信蒙昧的代名词，科学与宗教也不总是对立的、冲突的，在某种程度上是完全一致的。在一定范围内它们是可以和平共处的。利兰先生在《世界的创造》一文中十分清楚地论述了这一点。他说：

　　首先，存在这样的智慧来设计并调整宇宙的各个部分以实现没有摩擦的平衡。因为宇宙是处在无穷的时空中，因此设计宇宙的智慧也是处在无穷中。

　　其次，存在这样的意志来固化和规定宇宙的活动和力量，并通过永恒不变的规律把它们联结在一起。在所有地方，这种"全能意志"都建立起了对能量和过程的限制与管理，把它们永恒的稳定性和一致性固定了下来。因为宇宙是无穷的，所以

意志也是无穷的。

第三，存在运动的力量，一种永不疲倦的力量，一种控制一切力量的力量。而且，因为宇宙是无穷的，所以这种力量也是无穷的。

我们应该怎样命名这个智慧、意志和力量的三位一体呢？我们实在找不出比"上帝"更简单的名字。这个名字包罗万象，无所不及。

3　普遍适应的理念作为一个庞大的思想体系正以它独特的魅力吸引越来越多的人注重它、研究它、倡导它。普遍适应的理念是支撑性的、赋予活力的、渗透万有的，一切规律、生命、力量，都必定涉及它，处于它的包围之内，无论在物质领域还是在精神领域它都是适用的。你越深刻地理解这一理念，你就越会被它所折服。

4　每一个事物，无论是有生命的还是没有生命的，都必须得到这种普遍适应的理念的支撑，我们发现，个体生命的差异主要在于他们彰显这一智能的程度的不同。正是更大的智能把动物置于比植物更高的存在层面上，把人置于比动物更高的存在层面上。我们发现，个体控制行为方式并因此调整自己以适应外部环境的能力，再一次显示了这种智能。正是这种智能，占据了最伟大心智的中心地位，这种智能与普遍适应的理念配合得天衣无缝，二者珠联璧合，一起完善和优化着人类的精神世界。如果我们服从普遍适应的理念，普遍适应的理念也会不折不扣地服从于我们。

5　在科技和信息技术高速发展的今天，在风起云涌、气象万千的当今世界，随着经历和知识的不断增长，我们的智力运用，感知力的范围，选择的能力，意志的力量，所有的执行效力，以及所有的自我意识，都像雨后春笋般快速地增长。这意味着，自我意识作为一种精神活动在不断增加、延展、生长、发展和扩大。所有物质的东西在使用中被消耗了就不复存在了，而精神上的使用和物质上的使用，其规律完全相反。我们在精神上所拥有的东西，用得越多，繁殖得越快。也就是说，用得越多，得到的越多。

> 习惯性的显意识行为随着时间的推移和自身的发展，变成了自动的或潜意识的，得以让自我意识能够专注于其他事情。

6　生命是一个守法公民，它严格遵守着普遍能量的特质和法则，而普遍能量在生命中自发活动并获得生长，在某种程度上它们通常是同时存在的，同样的普遍能量伴随着同样的特质或法则，我们称之为智能。它超越了对其基本特性的全部理解，它是绝对的，只有一个最高法则。它的特殊定义，在任何时刻都受到生命现象中的特殊关系的支配，人只能依据它的相关物来思考，我们是在这个生命现象中思考这一法则的。因此，我们把它定义为普遍智能、普遍物质，像生命、气、心智、精神、能量诸如此类的东西一样。与我们的生存和发展息息相关，为人类的进化和社会的进步做出了巨大的贡献。

7　心智的原始状态最早呈现在最低级的生命形态中，在原生质或细胞中曾经留下了心智的痕迹。原生质或细胞，虽然只是一个简单的细胞或者极低级的生命形式，但是它却能够通过已经存在的心智感知它的环境，发起活动，选择它的食物。所有这些都是心智的明证。当生物体逐步发展并变得越来越复杂的时候，细胞开始专门化，它们各司其职，忙碌地工作，虽然多数情况下只是重复一个单调的动作，但它们已经显示出高超智能的潜

第15课　心灵因思考而丰富

质。原生质或细胞之间不仅有分工，也有合作，通过联合，它们的心智力量不断增强，自身不断地向高级进化、发展。

8 起初，生命的各项功能以及各种行为都是显意识思考的结果，随着时间的推移和自身的发展，习惯性的行为则变成了自动的或潜意识的，为的是让自我意识能够专注于其他事情。显意识与潜意识相互作用，相互促进，使二者都有了进一步的发展和完善。

9 因此很容易看出，生命存在的重要基础就是心智或精神。物质本身也许会湮灭、转化，但作为精神，却随着历史而延续、流传，永不磨灭。正像圣保罗所说："所见的是暂时的，所不见的是永远的。"

10 因此，就人而言，天生的职责就是致力于精神的发展。这一点是至关重要的，也是人存在的意义之所在。善用，却不会损耗；常用，却不断增多。这里面隐含着精神最伟大的奥妙，需要人类去积极地学习和探索。

注目于今日

因为生命在于今日

生命中真正的生命。

在今日短暂的历程中，

埋藏着生命全部的真理和现实。

今日是成长的祝福，

今日是生动的颂歌，

今日是美丽的荣光，

因为昨日不过是梦境，

而明日仅仅是幻景；

但是对于美好今日的把握，

将使每一个昨日成为幸福的梦境，

使每一个明日成为希望的幻景。

所以，好好关注今日吧！

——梵文箴语

第 16 课　以祈祷培养希望

LESSON SIXTEEN

1 自人类直立行走以来，从条件反射到简单的思想，再到今天庞大系统的思想道德体系，思想对人类的进步起着不可估量的作用。对历史的形成，理想和动机比事件更有影响力。无论是国家的命运还是个人的命运，都取决于思想和意识形态。对生命的持久关注，人们的所思所想比同时代的任何骚动和剧变都更有意义。

2 工程师在打算设计跨越江河峡谷的大桥时，在尝试把大桥在形态上具体化之前，总是先在大脑中想象出整个建筑，这种形象化就是精神图景，它预先决定了最终在客观世界中成形的建筑之特征。

3 当建筑师计划修建一幢奇妙的新建筑的时候，他总是在自己的工作室里苦思冥想，调动自己的想象力来构思它新奇的外形，同时包含额外的舒适或效用，结果通常不会让人失望。

4 化学家设法寻求实验室中的安静，然后变得易于接纳某些想法，而世界最终将因为某种新的舒适或奢侈品而从这些想法中受益。

5 金融家退避到他的办公室或会计室，把精力集中在某个组织问题或金融问题上，不久，全世界都听说了又一次产业合作，需要数百万额外的资本。

6 想象、形象化、全神贯注，都是精神技能，都是创造性的，因为精神就是一种创造性的宇宙法则，发现了思想的创造力秘密的人，也就发现了时代的秘密。用科学术语来陈述，这一规律就是：思想会跟它的作用对象相关联，但不幸的是，绝大多数人听任他们的思考停留于匮乏、局限、贫困以及其他种种形式的破坏性想法上。因为这一规律对谁都一视同仁，所以他们的所思所想就具体化在他们的环境中。

7 对千疮百孔的破衣服进行缝补，任凭技艺多么精湛的能工巧匠，也无法缝补出一件像样的衣服来，而所耗费的时间、精力和物资却比做一件衣服还多得多。现代的令人不满的状况，是根深蒂固的破坏性疾病的症状。以立法和压制的方法对这些症状施治，是治标不治本，虽然可以缓解症状，但不能从根本上治愈疾病，它会表现为其他的更糟糕的症状。要想根除顽疾，就要找到疾病的根源。要改变目前的状况，就要将建设性的措施用之于我们文明的基础——人类的思想。

8 思考是一种精神活动，由个体对普遍适应的理念的反作用所组成。思考是精神所拥有的唯一活动。精神是创造性的，因此思考是一个创造过程。但是，因为我们绝大部分思考过程都是主观的，而非客观的，所以我们大部分创造性工作都是在主观上进行的。但因为这项工作是精神性的工作，所以它依然是真实的。

9 就像人在沙滩走会留下脚印一样，那些曾经在我们的显意识中出现过的每一事物，最终都在我们的潜意识中留下了痕迹，并成为一种范式。人们利用自己的创造能力对这种范式加以改选，并将其应用到我们的生活和环境中，使其成为我们服务的工具。

10　但是，正因为思考是一个创造过程，而我们大多数人都是在创造破坏性的条件，我们思考死而不是生，思考匮乏而不是富足，思考疾病而不是健康，思考冲突而不是和谐，所以，我们的经历以及所爱的人的经历最后都反映出我们习惯性抱有的心态，如果我们知道是否能为我们所爱的人祈祷，也就能通过抱有关于他们的破坏性想法从而损害他们。我们是自由的道德媒介，可以自由地选择我们的所思所想，但思考的结果却受到永恒法则的控制。

发现了思想的创造力秘密的人，也就发现了时代的秘密。思想会跟他的作用对象相关联，但不幸的是，绝大多数人听任他们的思考停留于匮乏、局限、贫困以及其他种种形式的破坏性想法上。他们的所思所想就具体化在他们的环境中。

11　乐观主义是一盏驱逐黑暗的明灯，有乐观主义的光明普照的地方，恐惧、愤怒、怀疑、自私和贪婪都会消失得无影无踪。我们预见到，对于这一让人变得自由的真理，人们的认识正越来越普遍。一个觉醒的时代，其特有的标志之一，就是在怀疑和动荡中闪耀光亮的乐观主义。在这个新的时代里，一个明显的趋势是：对于启蒙之光，人们有越来越普遍的觉醒。

12　祈祷是人类内心一种美好愿望的表达，更是对于未来的一种憧憬和规划。祈祷的价值，取决于精神活动的规律。为了获得世界上关于祈祷价值的最好的阐释，"沃克信托基金会"悬赏100美元征集关于"祈祷"的最佳论文。要求论述"祈祷的意义、事实和力量，它在生活的日常事务中，在疾病的康复中，在悲痛不幸和国家危难的时期，以及在跟国家理想和世界进步的关系中的地位和形态，祈祷对个体、国家的作用和价值"。

13　由于"祈祷的价值"这一命题的丰富性和涉及范围的广泛性，该活动得到了热烈的响应。共收到来自世界各地，使用19种不同的语言写成的论文1667篇，大大超出了活动发起人的预期。100美元的奖金被马里兰州巴尔的摩市的塞缪尔·麦康伯牧师获得。一部关于这些论文比较研究的著作由纽约的麦克米伦公司出版。

14　沃克信托基金会的戴维·拉塞尔在谈到他对此次活动的感想和印象时说："对几乎所有的投稿人来说，祈祷都是某种真实的事情，有着不可估量的价值，但很不幸，很少有资料给出让规律得以运转的具体方法。"拉塞尔本人同意，对祈祷的回应，必定是自然规律在发挥作用，他说："我们都知道，合理地运用自然规律，人的聪明才智就必须能够理解它的条件，并能够引导或控制它的次序。我们不会怀疑，对于大到足以包孕精神的智能来说，将会揭示出精神规律的领域。"

15　从本质上看，祈祷是属于思想与精神范畴的。祈祷是以恳求的形式表现出来的想法，而断言是对真理的陈述，它得到了信仰的增强，祈祷和断言并不是创造性思想的唯一表现形式。而信仰则是另一种强有力的思想形式，它变得不可征服，因为"信是所望之事的实底，是未见之事的确据"。这一实质就是精神实质，其本身包含了创造者和被创造者。

16 如果我们祈祷得到某物或祈祷做到某事，只要合适的条件得到满足，它就一定会得到回应。每一个思考者都必须承认，对祈祷的回应，提供了无所不能的普遍智能的证据，在所有事物、所有人的身上，这种普遍智能都是迫在眉睫的。这是确定无疑的，否则宇宙就会混乱无序，而不是有序的整体。因此，对祈祷的回应受规律的支配，这一规律是明确的、精确的和科学的，就像控制地心引力和电流的规律一样。

17 几个世纪之前，有人认为，我们必须在《圣经》与伽利略之间做出选择。100年前，有人认为，我们必须在《圣经》与达尔文之间做出选择。但是，正如伦敦圣保罗大教堂的 W. R. 英格主教所言："每个受过教育的人都知道，生物进化的主要事实已经牢固地确立了，它们完全不同于古代希伯来人从巴比伦人那里借用过来的传说。我们大可不必拒绝接受现代研究的确凿结果……就越不愿意把我们的信仰作为赌注押在迷信上面。"

18 永远存在的智能或心智必定是一切形态的创造者，是一切能量的管理者，是一切智慧的源泉。

19 如果我们不知道思想是创造性的，我们就有可能抱持冲突、匮乏和疾病的想法，而这些想法最终会导致孕育它们的条件，但通过对规律的理解，我们就能够把这个过程颠倒过来，从而导致不同的结果。

> 我们应在责任感的驱使下，竭力给予我们所能拥有的精神以最完美的表达。
>
> 一切力量，正如一切软弱一样，皆源于内在。一切成功，正如一切失败一样，其秘密也同样来自人的内心。一切成长都是内心的展开。

第16课 以祈祷培养希望

20 人类置身其中的宇宙不是杂乱无章的，而是被一些规律所控制着的，因果规律便是其中一条重要的规律。有果必有因，在同样的条件下，同样的因总是产生同样的果。因此，客观和平是主观和平的结果，外部和谐是内在和谐的结果，"人不是从荆棘上摘无花果，也不是从蒺藜里摘葡萄"。

21 要创造其他的幸福，要满心欢喜地接受新的真理，要培养希望，要看到风暴过后的宁静，看到黑夜过后的黎明。这就是科学的信条。

22 表面上看起来不合理的事，正是那些有助于我们去认识可能性的事。我们必须走上前人从未踏足过的思想小道，穿越无知的沙漠，涉过"迷信的沼泽"，攀登习俗和礼仪的群山，克服种种困难和磨难，才能进入我们期望的"启示的福地"。

23 因此，善与恶仅仅被看作是表示我们思考和行为之结果的两个相对的术语。如果我们只抱持建设性的想法，就会让我们和他人受益，这种益处我们称之为"善"；如果我们抱持的是破坏性的想法，就会给我们自己和他人带来不和谐的结果，这种不和谐我们称之为"恶"。正如我们通过理解电的规律从而能利用电来产生光、热和力一样，但如果我们忽视或不知道电的规律，结果就有可能是灾难性的。在前一种情况下，力并不是善，在后一种情形下，它也不是恶；是善是恶，取决于我们对规律的理解。人类种下什么，就会收获什么。

24 人类是生产爱的机器，爱是情感的产物，是潜意识活动，完全处在无意识的神经系统的控制之下。因为这个原因，驱使它的动机常常既非理性也非智力。每一个政治煽动家和宗教复兴运动的鼓吹者，都利用了这一法则，他们知道，如果能鼓动人们的情绪，他们所希望的结果就会得到确保，因此煽动家总是诉诸听众的激情和偏见，而从不诉诸理性。宗教复兴运动的鼓吹者们总是通过爱的天性来诉诸情感，而从不诉诸智力。他们都知道，当情绪被鼓动起来的时候，理性和智力就会陷入沉寂。

> 思想的改变就是失败转化为成功的不二法门，勇气、力量、灵感、和谐，这些想法取代了原先的失败、绝望、匮乏、限制与嘈杂的声音，身体组织也随之而发生改变，个体的生命将被新的亮光所照耀，你因此获得了新生。

25 这里我们发现，通过完全相反的做法可以获得同样的效果——一种是诉诸憎恨、复仇、阶级偏见和嫉妒，另一种是诉诸爱、服务、希望和快乐，但法则是一样的。一方吸引，另一方排斥；一方是建设性的，另一方是破坏性的；一方是正面的，另一方是负面的。同样的力量，以同样的方式，但为了不同的目的而被运转起来。爱与恨只不过是同一种力量对立的两极，正像电力或其他力量既可以用于破坏性的目的也可以用于建设性的目的一样。

THE MASTER KEY SYSTEM

从《世界上最神奇的24堂课》中能得到什么？

《世界上最神奇的24堂课》体系到底给我们提供了什么？

它解释了所有伟大的、崇高的、卓越的思想和观点的起源。揭示了为什么有时候我们与生俱来地拥有语言技巧、直觉意识、精确的判断和灵感。

它告诉我们为什么那些谙熟控制我们精神王国的规律的人能够成功，能够实现自己的抱负，能成为作家、著作者、艺术家、政府官员、工业巨头，而这些人又为什么总会少于人口的百分之十。

它告诉我们人体能量散发的中心点，解释了这个能量是如何分配的，能量的散发为什么会使人体拥有愉快的体验，并且讲解能量散发受阻时如何给个体造成紊乱、不和谐和各种各样的缺乏和不足。

它告诉我们一切必须消除的负面力量，并告诉我们如何去消除它。

它解释了那个控制着你"称为自己"的东西到底是什么。你并不是指你的肉体，肉体只是自我用来达到目的的物质工具；你也不是指你的灵魂，灵魂只是自我用来思考、推理和设想的另一个工具。

它告诉我们潜意识的程序如何处于不停地运转中，并启发我们如何积极地去引导这一过程，而不仅仅只是这个过程的被动承受者。

它告诉我们在什么条件下可以成为健康、和谐和富裕的继承者。那就是要求我们抛弃自身的局限性、奴役性和欠缺性，要求我们最大限度地利用所拥有的资源。

它告诉我们构建未来赖以发展的基础和模型。它教我们如何使它变得宏伟和美丽，并告诉我们不能因为物质条件而受到局限，除了自己没有任何人能设置障碍。

它教给我们一种方法，利用这种方法我们只要虔诚不懈地努力就一定会得到和最初预想相同的结果。

它告诉我们为什么一些表面上努力追求自己理想的人看起来却是失败的。

它告诉我们个人的性格、健康和经济状况是如何形成的，并在如何取得合理的物质财富方面给我们提出了很好的建议。

它告诉我们如何做、何时做、做什么等来保障未来发展的物质基础是安全的。

它告诉我们处于贸易关系和社会地位的底层时获得成功的基本原则、重要条件和永恒不变的规则。

它告诉我们克服所有困难的秘密。

它告诉我们人类要实现自己幸福和完善发展仅需要三个事物，指明了它们是什么和我们如何获得。

它表明大自然为人类提供了丰富的物质财富，解释了为什么一些资源好像是远离人类的。它告诉我们个体与供给之间联结的纽带。它还解释了引力原则，让你看到真实的自己。

它告诉我们为什么生活中每一个经历都是这个原则的结果。

它说明了引力原则是根本性的永恒不变的，没有人可以逃出它的控制。

它教给我们一个方法，通过这个方法我们发现无穷大和无穷小归根结底只不过是力量、运动、生命和意志。

它告诉我们很多假象和异常现象，这些现象误导人们认为一些成就的取得是无须付出的。

它告诉我们先有付出才会有回报。如果我们不能提供金钱，那就要提供时间或方法。

它告诉我们如何制造一个有用的工具，通过这个工具可以使一些规则生效，这些规则又能为我们开启通往大自然无穷资源的大门。

它告诉我们为什么某种形式的思维常常会导致灾难性的后果，并常常会使付出一生努力取得的成果付诸东流。它告诉我们现代的思维方式，启发我们如何保护已取得的成果，如何调整目前的状态以便迎合已经改变了的思维意识。

它告诉我们一切力量、智慧和才能的发祥地，并教会我们在处理日常事务时如何使它们协调发展。

它向我们揭示了微粒和细胞的本质，这是人类生命和健康赖以存在的基础，它教给我们进行自身变革的方法和变革所带来的必然结果。

它揭示了成长的规律，为何当我们只是牢牢地抓住已取得的成果不放时，更多的机会已经从我们身边悄悄地溜走。各种困难、矛盾和障碍产生的原因，要么是我们舍不得放弃已经没有价值的东西，要么是我们拒绝接受有用的事物。我们把自己束缚在破旧、陈腐的事物之上，而不去寻找发展所需要的鲜活的源泉。

它告诉我们精神对思维的重要性，决定语言的关键是什么以及思维活动的载体是什么。

它向我们描述了如何保证财产的安全，为什么我们需要为自己每一个思想和行为负责任。

它揭示了财富的本质，如何创造财富和财富存在的基础。成功的取得依靠崇高的理想而不仅仅是财产的累积。

它告诉我们不义之财是灾难的先导。

  它揭示了人类利用科学和高科技追求成功的奥秘。尽管人类有创造和谐和利用环境的能力，同样也有创造不和谐和制造灾难的能力。不幸的是，由于无视自然规律的存在，大多数人都在向后一个方向发展。

  它向我们揭示了振动原理，为什么最高原则在很大程度上决定了事物的存在环境、方位和事物接触时的相互关系。

  它告诉我们人的意志是一个磁铁，它如何以一种不可抵挡的吸引力得到它所需要的。想要得到某一事物先要彻底地了解它。

  它揭示了直觉发挥作用的机制和如何依靠直觉走向成功。

  它揭示了真实力量和象征力量之间的差别，为何当我们超越象征性力量时它会成为一片灰烬。

  它告诉我们创造力起源于什么时候和它起源的方式。

  它揭示了个人真正的财富资源。

  它教给我们集中注意力的方法。表明为何专注是一个人能力的最杰出特点。

  它揭示了任何事物最终都会归结为一件事。由于它们都是可以转化的，因此一定是相互联系的，而不是相互对立的。

  它揭示了获得基础性知识是一种能力，懂得因果关系是一种能力，而财富则是能力的产物。只有当事件和环境影响到能力时才显现出它们的重要性。最终，一切事物都以特定的形式并在特定的程度上反映了能力。

  它告诉我们生命的真谛何在。

  它揭示了金钱观念和能力观念，它们使货币实现了流通，产生了巨大的吸引力，并开启了贸易的大门。

  它告诉我们如何创造自己的金钱和磁场，如何培养争取和利用机遇的能力。

  它告诉我们自身的性格、所处的环境、能力、身体状况产生的原因，并揭示了我们如何实现自己未来的理想。

  它揭示了如何仅仅改变振动的频率就可以改变大自然的全景。

  它揭示了人体的振动频率是如何不断改变的，这种改变常常是无意识的，并伴随着不利的灾难性后果。它教给我们如何有意识地控制这一改变并把它引向和谐有利的方向。

它告诉我们如何培养足够的能力来应付日常生活中出现的每一种情况。

它告诉我们抵制不利境况的能力取决于精神活动。

它揭示了伟大的思想拥有消除渺小思想的力量，因此持有一种伟大的思想足以对抗和消灭所有渺小的、不利的思想，这是很重要的。

它告诉我们处理重大事务时不会比处理小事情遇到的困难多。

它告诉我们如何使动力发挥作用，它将会产生不可抵挡的力量，使你得到你所需要的事物。

它揭示了所有状况背后的本质，并教给我们如何改变自身的状况。

它告诉我们如何克服所有困难，不论它是什么或在哪里，并揭示了做到这一点的唯一途径。

它同样也送给我们一把万能钥匙，那些拥有深刻理解力、辨别力、坚定的决断力和坚强的奉献意志的人能利用这把钥匙开启成功之门。

因此，或许现在你开始明白当时的人们为什么甘愿付出1500美元来获得这本书的手抄本。

建议你在阅读完本文之后，重新阅读这最神奇的24堂课，必将有重大的全新体验。

LESSON ONE

LESSON TWO

LESSON THREE

LESSON FOUR

LESSON FIVE

LESSON SIX

LESSON SEVEN

LESSON EIGHT

LESSON NINE

LESSON TEN

LESSON ELEVEN

LESSON TWELVE

LESSON THIRTEEN

LESSON FOURTEEN

LESSON FIFTEEN

LESSON SIXTEEN